企业房地产与设施管理指南

GUIDELINES FOR CORPORATE REAL ESTATE & FACILITY MANAGEMENT

《企业房地产与设施管理指南》编委会 编著

同济大学出版社
TONGJI UNIVERSITY PRESS
中国 · 上海

图书在版编目（CIP）数据

企业房地产与设施管理指南 / 《企业房地产与设施管理指南》编委会编著 .-- 上海：同济大学出版社，2019.6
ISBN 978-7-5608-8551-3

Ⅰ．①企… Ⅱ．①企… Ⅲ．①房屋建筑设备－设备管理－指南 Ⅳ．① TU8-62

中国版本图书馆 CIP 数据核字（2019）第 088665 号

企业房地产与设施管理指南

《企业房地产与设施管理指南》编委会　编著

责任编辑　由爱华　　责任校对　徐春莲　　装帧设计　张　微

出版发行　同济大学出版社 www.tongjipress.com.cn
（地址：上海市四平路 1239 号　邮编：200092　电话：021-65985622）
经　　销　全国各地新华书店
印　　刷　常熟市大宏印刷有限公司
开　　本　710mm×960mm　1/16
印　　张　7
字　　数　140 000
版　　次　2019 年 6 月第 1 版　　2019 年 6 月第 1 次印刷
书　　号　ISBN 978-7-5608-8551-3
定　　价　48.00 元

编委会

主编单位

同济大学

参编单位

上海大学

华为技术有限公司

编委会主任

曹吉鸣　[同济大学]

编 委（以姓氏拼音排序）

白云松　[通用电气（中国）有限公司]

岑佳佳　[仲量联行测量师事务所（上海）有限公司]

刘　亮　[上海大学]

骆文成　[华为技术有限公司]

缪莉莉　[华为技术有限公司]

沈崇达　[北京世邦魏理仕物业管理服务有限公司]

孙实建　[联想集团有限公司]

汪平华　[西门子（中国）有限公司]

杨　克　[北京世邦魏理仕物业管理服务有限公司]

张海涛　[戴德梁行物业咨询（上海）有限公司]

周诗杰　[微软（中国）有限公司]

朱　倩　[戴德梁行物业咨询（上海）有限公司]

主要撰写人（以单位名称、姓氏拼音排序）

爱玛客服务产业（中国）有限公司：黄楚颖、梁军

北京世邦魏理仕物业管理服务有限公司：唐礼勋

北京万物商企物业服务有限公司：夏曙、杨光辉

戴德梁行物业咨询（上海）有限公司：林毅、彭奕龙

欧艾斯设施管理服务（上海）有限公司：张绮文

上海大学：陈佩、黄琴、罗天

上海上安物业管理有限公司：许芸

深圳市特发服务股份有限公司：崔平

索迪斯（中国）有限公司：贾波、俞斌

腾讯科技（深圳）有限公司：王志国

同济大学：冯晓威、汤洪霞、夏靖怡、邢梦珏、徐帆、许志远、叶亦明、翟洁

仲量联行测量师事务所（上海）有限公司：王艺瑾

前　言　PREFACE

随着我国人民生活水平日益提高和经济转型不断深化，新时期创新、协调、绿色、开放、共享的发展理念给各类企业[1]的房地产、基建、资产、行政、后勤等领域传统业务带来了一系列的机遇和挑战。如何助力这些企业核心战略目标、降低运营成本、提升服务水准和客户体验、保障健康安全和业务持续是企业房地产与设施管理迫切需要解决的课题。

企业房地产（Corporate Real Estate, CRE）与设施管理（Facility Management，FM）是跨学科、多专业交叉的新兴学科，涉及企业中传统的房地产、基建、资产、行政、后勤等专业业务范畴，旨在提升各类企业的资产价值，提升客户体验和核心业务效率。

企业房地产通常是指企业为了其核心业务的经营而持有或使用的房地产资源；企业房地产管理是企业从用户需求出发，对企业房地产进行规划、收购、设计、建造和管理的职能。

设施管理指在建成环境中整合人员、空间和流程，以提高人们的生活质量和核心业务生产率的一项组织职能。

企业房地产与设施管理在世界各国工业、商业和医院、学校、机场等领域得到了普遍应用，该理论和实践引入我国已经有 20 多年的历史，在世界 500 强外资企业、国内大型民营企业逐步得到推广和应用，得到社会各界的普遍认同和市场的广泛关注。如何结合我国各类企业的特点，通过实践案例梳理，形成系统理论和方法，还

1.“企业”一词在概念上本应与“事业单位和社会团体”等有严格区分。本书在使用“企业”一词时，泛指各类组织，也包括了事业单位、社会团体等公共机构。为使行文方便，统称为企业，而并没有企图改变“企业”一词概念。

有待不断探索。

本指南借鉴企业房地产与设施管理相关国际化专业协会的经验，采用产、学、研结合的方式，系统梳理企业房地产与设施管理工作范围、任务、方法与工具，凝炼行业最佳实践，形成具有实用性的指导文件，具有非常重要的理论意义和应用价值。

从理论角度，本指南有助于提高行业理论水平，在业内形成统一认知，同时彰显企业房地产与设施管理的专业价值，提升专业知名度和影响力；

从市场角度，有助于推动市场标准化和规范化进程，指导业主方和服务供应商的工作实践；

从人才培养角度，有助于培养并提升专业人士自身能力和素质，指导高校人才培养和企业专业队伍建设。

本指南编制指导性原则包括以下五个方面：

（1）系统原则。从理论与实践结合角度出发，搭建指南的系统框架，全过程、全方位阐述企业房地产与设施管理工作范围、任务和方法，以便使读者全面了解其内容和要求。

（2）普遍原则。从通用性角度出发，阐述普遍适用于不同地区、行业和业态的企业房地产与设施管理共性要求和通用内容，以便读者快速把握其基本工作流程和方法。

（3）实用原则。从实际工作需要角度出发，梳理企业房地产与设施管理各业务模块做什么、怎么做，以及实用工具和方法等内容，淡化理论色彩，以便使用者直接应用。

（4）简明原则。从可读性、易读性角度出发，力求层次清晰、语言流畅、行文规范、简明扼要，以便使读者理解、掌握。

（5）成熟原则。从选材和内容角度出发，依据国家现行管理规定，参考国际通行规则和惯例，吸取典型企业成熟经验，表述形成共识的观点和主张。

本指南具有一定的普适性，适用于我国各类公共、商业、工业、物流等不同规模和类型企业房地产与设施管理相关业务，可以供业主方、供应商、咨询机构、高等院校等企业房地产与设施管理实践指导，也可以供房地产、建筑、行政、资产、后勤、物业等领域产学研专业人士学习参考。

目 录 CONTENTS

术　语　　TERMINOLOGY

1. 房地产投资组合（Corporate Real Estate Portfolio）

不同类型、不同地区的房地产之间相互组合、按照一定比例所构成的投资集合。

2. 区位（Location）

人类行为活动的空间，表示某一事物的空间几何位置，反映了地理要素和人类活动在空间位置上的相互联系和作用。

3. 利益相关方（Stakeholder）

企业的决策或活动中有重要利益的个人或团体。

4. 尽职调查（Due Diligence）

在资产收购或交易过程中对目标企业资产和负债情况、经营和财务情况、法律关系以及目标企业所面临的机会与潜在风险进行的一系列调查。

5. 滚动计划（Rolling Plan）

按照近细远粗的原则制定一定时期内的计划，然后按照计划的执行情况和环境变化，调整和修订未来的计划，并逐期向前移动，把短期计划和中期计划结合起来的一种计划方法。

6. 运营预算（Operational Budget）

针对企业拨付给企业房地产与设施管理部门相应资金以履行企业房地产与设施管理任务而编制的预算。

7. 资本预算（Capital Budget）

企业为了今后更好发展及获取更大报酬而做出的资本支出计划，主要针对房地产和大型设备等重大、长期和非常规支出。

8. 零基预算（Zero-based Budget）

不考虑过去的预算项目和收支水平，以零为基点编制的预算。

9. 生命周期成本（Life Cycle Cost，LCC）

建筑物和设备系统从策划、规划、设计、施工和运营整个生命周期所发生的成本总和。

10. 项目后评估（Post Project Evaluation）

在项目已经完成并运行一段时间后，对项目的目的、执行过程、效益、作用和影响进行系统、客观分析和总结的一种技术经济活动。

11. 关键绩效指标（Key Performance Indicator/Index，KPI）

对企业房地产与设施管理服务的关键参数进行设置、取样、计算、分析，来衡量企业房地产与设施管理绩效的一种目标式量化管理指标。

12. 需求方案说明书（Request for Proposal，RFP）

由采购方提供的服务采购需求说明文件，包括采购服务的各种要求和标准。

13. 采购计划（Procurement Plan）

在理解企业业务背景和中长期战略方向、识别企业当前和未来的企业房地产与设施管理需要和期望，并了解服务供应商市场情况的基础上，对计划期内企业房地产与设施管理采购活动所做的预见性安排和部署。

14. 空间库存（Space Inventory）

将空间视作一种资产，为了满足未来需要而暂时闲置的空间资源。

15. 空间需求（Space Requirement）

企业在战略、资产、市场、人才等因素的驱动下产生的，与企业性质、规模和业务相匹配的业务活动空间面积、工位数量等空间指标的需求。

16. 空间标准（Space Standard）

对于各种空间类别和类型的面积尺寸的规定，如办公空间中各级经理人和员工座位面积尺寸标准等。

17. 预防性维护（Preventive Maintenance）

为了防止建筑物和设备功能、精度低于规定的临界值，降低故障率，按事先制定的计划和技术要求所进行的维护活动。

18. 预测性维护（Predictive Maintenance）

又称基于状态的维护，是通过定期监测设备的振动、温度、润滑、钝化等各种运行参数，或观察不良趋势的发生，预测故障可能出现的情况和出现的时间而有针对性地维护。

19. 服务说明书（Statement of Work，SOW）

也称工作说明书，是对企业房地产与设施管理所要提供服务的叙述性描述文件。

20. 服务水平协议（Service Level Agreement，SLA）

服务供应商和客户之间或者服务供应商之间一种互相认可的协定，包括双方对服务内容、优先权和责任的共同理解，以及对服务质量等级的协定。

21. 基准分析（Benchmarking）

寻找最佳绩效标准作为参照的基准数据，确定成功的关键领域，通过持续不断的学习与绩效改进，缩小与最优基准之间的差距的一种方法。

22. 建筑环境合规性评价（Evaluation of Compliance in Building Environment）

企业为履行遵守法律法规要求的承诺，建立、实施并保持一个或多个程序，以评价对适用法律法规的遵循情况的一项管理措施。

23. 业务持续管理（Business Continuity Management，BCM）

识别对企业的潜在威胁以及这些威胁一旦发生可能对业务运行带来影响的一整套管理过程。其目的是为企业建立有效应对威胁的自我恢复能力提供一个指导性框架，以保护关键相关方的利益、声誉、品牌。

24. 服务体验（Service Experience）

人们针对使用或期望使用的产品、系统或者服务的认知印象和回应，包括情感、信仰、喜好、认知印象、生理和心理反应、行为和成就等各个方面。

25. 服务场景（Service Scenarios）

也称服务环境，指服务场所经过精心设计和控制的各种环境要素。

26. 服务蓝图（Service Blueprint）

详细描绘服务系统与服务流程的图片或地图，适用于明晰服务过程性质，控制和评价服务质量，以及合理管理顾客体验等。

27. 建筑信息模型（Building Information Modeling，BIM）

兼具建筑物物理和功能特性的可视化数字表达工具，通过参数模型整合、传递全生命周期不同利益相关方的相关信息，以支持和反映设计、建造、运营过程的协同工作和知识共享。

28. 集成工作场所管理系统（Integrated Workplace Management System，IWMS）

整合建筑物、资产、设备、环境和能源等系统功能，实现工作场所数据交换、信息共享和协同工作的集成化信息管理平台。

29. 智慧设施管理（Smart Facility Management）

以新兴信息技术为基础，全面感知、广泛互联、智能决策、卓越执行，整合人、空间和流程，旨在为人类提供舒适、便捷和安全的个性化服务，提升企业核心业务价值的一项组织职能。

30. 服务价值链（Services Value Chain）

通过基本服务活动和辅助服务活动创造价值的动态过程，形成一条以用户为中心的循环作用闭合链。

31. 数据挖掘（Data Mining）

综合运用人工智能、机器学习、统计学和数据库等方法在相对较大型的数据集中发现模式的计算过程。

32. 社会适应性（Social Adaptiveness）

指对人际压力有良好的承受力和应对能力，能够针对不同情境和不同交往对象，灵活使用多种人际技巧和方式，以适应复杂的人际环境的能力。

1 企业房地产与设施管理综述

1.1 定义和特点

企业房地产（Corporate Real Estate）是指企业为自身经营目的而持有或使用的房地产。企业房地产功能范围较为宽泛，它更多是从业主使用的需求角度来看待房地产市场，通常更加关注项目集、长周期的投资组合或战略规划。

设施管理（Facility Management）是企业为了满足人的生活需求和核心业务战略目标，针对自用建筑空间及其相关生活、生产或经营活动提供科学规划、综合运营和专业服务的集成化管理职能。

企业房地产与设施管理通常涉及企业总部和多个分支机构，可能包括制造业、金融业和零售业等生产经营场所，以及学校、医院、剧院、体育场、机场、码头、车站等公共业态。其特点为：在管理目标上，紧密围绕企业核心业务战略；在管理理念上，着眼于最终用户的个性化需求和体验；在管理组织上，体现纵向生命周期业务集成和横向专业部门资源整合；在管理手段上，综合运用现代化科学管理方法和技术；在对管理者要求上，充分体现专业化（Professional）管理素质和能力。

随着社会和经济发展，企业房地产与设施管理在世界各国得到了普遍开展。许多发达国家和发展中国家及地区，都相继成立了国家层面的企业房地产或设施管理协会或学会；高等院校设立了相关专业学位和学术研究机构；一些国际性标准化组织，如国际标准化组织（ISO）、欧洲标准化协会（ESI）等，也出台了设施管理系列标准和指南。

可见，企业房地产与设施管理不是临时的、一次性的任务，而是一项围绕建筑空间全生命周期和企业核心业务全方位的持续性、周而复始的管理活动。企业房地产与设施管理、财务管理、人力资源管理、信息技术管理等一样，属于企业非核心业务管理职能，属于企业管理和服务科学的范畴。

1.2 任务和范围

企业房地产与设施管理任务和范围取决于企业业务需求和组织结构。从国内外企业房地产与设施管理理论和实践的角度看，可以分为战略、管理和操作三个层面。

不同层面企业房地产与设施管理的任务，如图 1-1 所示。

本指南中企业房地产与设施管理涉及如下范畴：

（1）企业房地产与设施管理战略；

（2）企业房地产与设施管理财务与采购；

（3）工作和生活空间管理；

（4）建筑物运维及其专业服务；

（5）设施管理服务评价；

（6）环境健康安全与可持续管理；

（7）业务持续管理；

（8）设施管理服务体验；

（9）设施管理信息技术；

（10）企业房地产与设施管理专业能力。

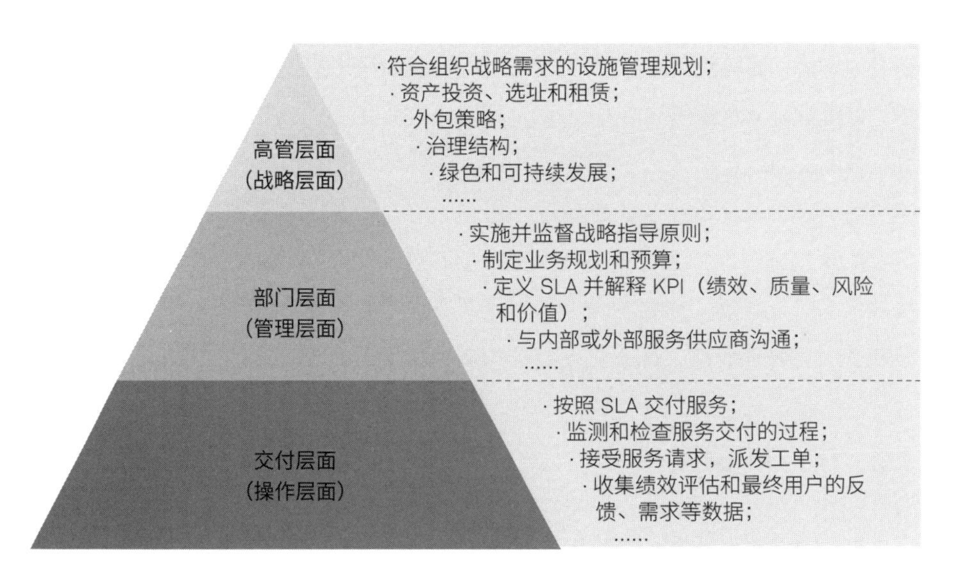

图 1-1 不同层面企业房地产与设施管理的任务

1.3 利益相关方和行业组织

1.3.1 利益相关方

企业房地产与设施管理利益相关方是指能够影响企业房地产与设施管理目标实现或受到其目标影响的群体或个人，是企业房地产与设施管理行业生态系统的一部分。这些利益相关方可以合作以取得利益，也可能相互制约，或同时存在合作与制约关系。

利益相关方可以分为内部利益相关方和外部利益相关方。

（1）内部利益相关方包括：股东、高级管理层、业务部门（包括核心业务部门和服务支持部门）、最终用户等机构或个人；

（2）外部利益相关方包括：各类外包服务供应商、工程承包商、服务咨询公司等具有合同关系的直接利益群体，以及政府机构、公众和媒体等具有监督和影响的间接利益群体。

因此，识别和界定企业房地产与设施管理利益相关方的需求、明确需求重要性和顺序，拟定利益相关方管理策略，对于企业房地产与设施管理目标、进程和效果具有重大影响。

1.3.2 行业组织模式

企业房地产与设施管理行业由包括业主方企业房地产与设施管理部门、集成服务供应商、服务分包商、专业咨询机构及其工程设计、施工、材料供应商等市场主体，构成多层次、宝塔型的行业组织模式。这些企业都有自己的专业定位和业务范围。企业房地产与设施管理行业组织模式，如图 1-2 所示。

企业房地产与设施管理部门是企业内部的职能管理部门。从其定位和作用来看，又可分为战略型组织（利润中心或投资中心）与支撑型组织（成本中心）。

（1）战略型组织。既对成本承担责任，又对收入和利润承担责任的企业所属单位，其业绩考核甚至还包括投资收益；

（2）支撑型组织。只对产品或劳务的成本负责的责任中心，对其所从事的活动享有成本决策权，但业绩与收入或利润无关。

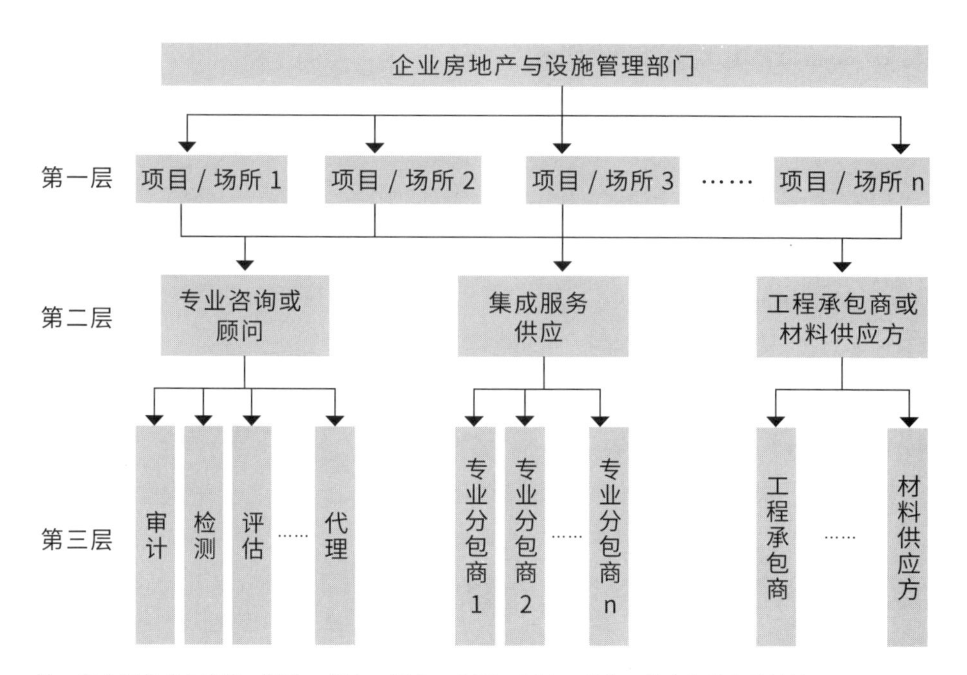

注：专业服务分包商指：清洁、保安、绿化、交通、餐饮、邮件、健身和设备维护等。

图 1-2 企业房地产与设施管理行业组织模式

为了满足企业房地产或建筑空间对企业经营活动的综合性管理要求，加强企业相关支持性业务部门的协同关系，提升支持性服务交付成果综合效益，有些企业将更多地采用共享服务的模式，不断地向区域中心、全球枢纽模式演化，形成包括房地产、设施管理、信息技术、财务管理、人力资源、采购管理等业务集成的、战略驱动型的企业服务部门（CSG），以提高企业经营活动的整体绩效。

目前在我国企业房地产与设施管理部门大多还未健全，也很少介入企业战略性业务。企业房地产与设施管理业务分别归属于资产、基建、采购、后勤、行政、房产、设备、办公室等业务部门，工作职责范围相对比较分散，采用自管或单项分包模式居多，主要承担成本绩效考核的责任。

1.4 价值和定位

企业房地产与设施管理不仅影响企业的经营收入和成本，而且体现了企业文化、品牌、声誉和社会形象，影响客户的体验和健康、安全。因此，企业房地产与设施管理的战略重要性将会进一步提升，其价值和定位也会更高。

企业房地产与设施管理价值和定位包括以下四个方面。

（1）支持企业核心业务战略。主要包括提高企业信誉和品牌形象，吸引人才和留住员工，展示企业精神和文化，推动技术传播和市场营销，体现企业社会责任等方面。

（2）满足人们对高品质生活或工作空间的美好需要。通过提供便捷、舒适、安全、健康和人性化的生产或生活环境，提高核心业务工作效率，提高人们对生活质量的体验感，促进核心业务的持续发展。

（3）提升投资价值和减少运营成本。统计表明，企业房地产与设施管理运营成本是除人力资源之外的第二大非核心业务成本。成功的企业房地产与设施管理可以有效地保障建筑物和设备运行可靠性，提高能源运营效益，降低运营成本，发挥房地产投资组合的价值。

（4）保障突发事件情景下的业务持续。运用业务持续管理（BCM）的理念，建立完整的风险应对和事件处置预案，及时、有效地处理各类突发事件，保证核心业务的持续性，以便快速恢复正常工作。

2 企业房地产与设施管理战略

企业房地产与设施管理战略是指为实现长期可持续经营目标，为企业战略目标的形成提供有形资源和服务性支持而制定的企业房地产与设施管理总体性和指导性的谋划。

企业房地产与设施管理战略包括以下四个方面（图 2-1）。

（1）企业房地产与设施管理战略规划。企业房地产与设施管理战略规划是围绕企业自有和租赁资产制定的中长期计划。

（2）企业房地产投资组合。企业房地产投资组合是指不同类型、不同地区的企业房地产之间相互组合、按照一定比例所构成的投资的集合管理。

（3）企业房地产区位选择。企业房地产区位选择是按照企业的战略目标和商业计划，以合适的时间和价格、在合适的地方找到合适数量的业务活动空间的过程。

（4）企业房地产租赁和处置。房地产租赁和处置主要是指租赁新的房地产以及以卖出或租约终止的方式处置旧的房地产等交易活动。

2 企业房地产与设施管理战略

2.1 企业房地产与设施管理战略规划	方法与工具
2.1.1 分析战略环境与企业需求 2.1.2 开发战略方案 2.1.3 实施战略计划	波特竞争力模型； 麦肯锡 7S 模型； PEST 模型； 利益相关者分析； WSR 方法论； 战略地图

2.2 企业房地产投资组合	方法与工具
2.2.1 识别业务驱动因素与供需情况 2.2.2 分析投资组合效用 2.2.3 开发和选择平衡的投资组合	波士顿矩阵； 通用矩阵； 生命周期分析； 定向政策矩阵； CAPM 模型； 技术经济评价； ADL 矩阵

2.3 企业房地产区位选择	方法与工具
2.3.1 明确区位选择考虑因素 2.3.2 组织现场踏勘和调查 2.3.3 识别并评估合适区域和位置	ABC 分类法； 3C 战略三角模型； SWOT 分析法； SPACE 矩阵

2.4 企业房地产租赁和处置	方法与工具
2.4.1 管理企业房地产租赁 2.4.2 处置企业房地产	尽职调查； 决策树； QSPM 矩阵； 价值链分析

图 2-1　企业房地产与设施管理战略框架

2.1 企业房地产与设施管理战略规划

2.1.1 分析战略环境与企业需求

战略环境是指对企业战略可能产生重大影响的内外部环境因素；企业需求则包括组织架构、工作流程、人员组成等系统的需求与历史、企业文化、高级管理层偏好等文化的需求。

（1）分析战略环境。确定企业的使命和目标，明确企业所处环境变化，这些变化将带来机会还是威胁；进行资源及市场调研，了解企业的地位、资源和战略能力。

（2）满足企业需求。企业房地产与设施管理战略作为企业战略的一部分，应满足整体战略环境和企业的需求，以实现支持企业的核心业务、促进企业战略发展的目的。

（3）了解现状。全面审查企业管理的制度、流程和服务交付，以全面了解企业房地产与设施管理的现状。制度包括公司指导方针和标准、人力资源、财务、环境健康和安全以及其他要求；流程是指业务流程，包括预算、采购、审批和付款等；服务交付包括审核管理策略和服务质量、成本和时间目标。

2.1.2 开发战略方案

开发战略方案是指利用分析战略环境与企业需求的输出，制定多种供企业选择的战略，评估所有战略，最后选择最优战略，形成可行的企业房地产与设施管理战略。

（1）制定战略方案内容。战略方案应包括（但不限于）财务目标、战略目标和关键成功因素（在质量、成本和时间目标方面）、潜在的效率提高和质量改进的目标、客户需求、技术问题、不确定性的风险和领域、内部和外包策略、管理变革的方法论、人力资源计划、采购策略、业务流程、IT 支持策略等。

（2）分析战略环境。考虑选择的战略是否发挥了企业的优势，战略的评估最终是否落实到战略收益、风险和可行性分析的财务指标上；利用 SWOT 方法考虑是否克服劣势、是否利用了机会，将风险降低到最低程度。

（3）评估利益相关方。考虑选择的战略能否被企业房地产与设施管理利益相关方所接受，管理层和利益相关团体的价值观和期望在很大程度上影响着战略的选择。

2.1.3 实施战略计划

实施战略计划是指将开发战略方案所确定的战略意图转化为具体的工作计划，并通过能够管理变化的流程来实施，从而保障企业房地产与设施管理战略预定目标的实现。

（1）分配及使用资源。合理分配及使用企业内部各部门和各层次间现有的资源及其外部资源。

（2）调整组织结构。对企业组织结构进行调整，积极处理可能出现的利益再分配与企业文化的适应问题，以保证企业房地产与设施管理战略成功实施。

（3）实施变化管理。建立有效的管理变化的流程，包括对变化的识别判断、对变化的商业价值的判断、对变化会给企业房地产与设施管理带来的冲击和影响的判断，将相应的信息提交利益相关方评估。

（4）保持沟通和理解。确保企业房地产与设施管理的业主方和服务供应商之间进行有效沟通，使双方共同理解并高效执行战略；提升员工的技能和理解，使他们完全熟悉并认可企业房地产与设施管理意义和实践。

2.2 企业房地产投资组合

2.2.1 识别业务驱动因素与供需情况

业务驱动因素可能是宏观层面的行业或经济变化，也可能是企业或某业务部门内部因素。供需情况指企业因不同业务驱动因素对房地产的不同需求与企业房地产与设施管理部门能够向企业提供的房地产情况。

（1）识别业务驱动因素。正确定位企业，理解企业战略，预测企业业务驱动因素发展方向对于制定合适的投资组合方案至关重要。

（2）预测需求变化。预测一定时间段内企业需要的房地产及设施服务内容及其具体需求，地理位置对企业形象、运营成本以及未来的发展机会的影响，判断该时间段内是否平稳持有房地产或者随业务周期而波动。

（3）明确供应情况。明确企业房地产与设施管理部门能提供的空间类型，现有容量和使用率、成本和财务结构以及功能性、IT 设施、质量以及资产状况，考虑候选位置的房地产市场状况、与现有客户联系、劳动力资源和交通等因素，确定在房地产供应期间如何向企业提供服务，以满足企业具体需求。

2.2.2 分析投资组合效用

投资组合效用是指企业通过投资不同类型、不同地区的房地产，使企业战略需求与具体房地产需求等得到满足的一个度量指标。

（1）明确分析原则。进行房地产投资的根本目的是服务企业，应围绕企业战略和经营目标。

（2）考虑全业务周期。根据企业全业务周期选择合适的房地产持有方式或房地产持有方式组合以达到空间效益最大化。

（3）提升全局视角。分析投资组合效用除了识别个别企业房地产投资的回报与风险，更重要的是从全局高度，以跨地区、跨业务和跨产业的角度判断新增或处置房地产对空间效益的影响。

2.2.3 开发和选择平衡的投资组合

平衡的投资组合是企业基于投资风险和回报的双重需要所形成的房地产投资集合。

（1）考虑业态类型。当开发和选择投资组合时，企业应考虑所有房地产需求的业态（如研究、新产品开发、生产制造、信息技术和业务改进等）。

（2）设立投资目标。投资组合应满足企业业务和对市场进入的速度需求，设立企业生产效率最大化和成本最小化目标，提供有效的投资组合，并尽可能减少对现金流、投资净现值、资产负债和利润的影响。

（3）规避投资风险。考虑企业房地产投资组合规避风险的能力，增加空间使用的灵活性，有效规避房地产市场波动带来的风险。

2.3 企业房地产区位选择

2.3.1 明确区位选择考虑因素

（1）了解宏观信息。了解新区位的气候、自然条件、地理环境、环保和市场情况，以及区域的经济发展状况和未来的发展潜力。还应考虑该区域的人力资源及人力成本状况，政府的产业政策、税收政策等问题。

（2）分析中观条件。考虑企业所属的产业群属性及所需配套设施。相关产业的聚集能够产生外部经济性，供应链相关的上下游企业能够降低物流、交易和时间成本；企业工作场所必须具备完善的配套设施，包括市政配套、商务设施、文化教育等。

（3）掌握微观层面。与其他业务部门管理者合作，明确其关键业务目标；评估业务操作的驱动因素；确定区位对运营成功的影响；评估可能与区位选择策略相关的战略利益和风险。

2.3.2 组织现场踏勘和调查

现场踏勘和调查包括商务、技术和法律等方面。

（1）分析商务信息。对拟选企业房地产区位所处宏观经济、市场环境和竞争对手进行分析，了解该区位商业价值和未来发展趋势，对房地产项目进行现金流量评估，并考虑税收抵免、物业管理及水电煤气等费用支出。

（2）掌握技术条件。对建筑、设备或者服务各方面的状态进行调查，包括周边环境、空间尺度、结构形式、设备健康度等。基于目标建筑物基本状况的调查结果，给出缺陷或不符合项列表，并针对发现的缺陷和不符合项提出整改建议。

（3）开展法律尽职调查。法律顾问对企业拟商议的房地产交易事项从法律角度进行审慎和适当的调查和核查，确认主体资格和产权关系，并在此基础上进行法律分析，出具尽职调查报告，为企业房地产下一步交易提供依据，提示交易存在风险。

2.3.3 识别并评估合适区域和位置

（1）确定因素并排序。找到能够适当评估或预测各主要业务驱动因素变化的数据，分析区位选择影响因素，对各影响因素进行主次排列，权衡取舍。

（2）筛选区域范围。系统比较不同区域的差别，如政治和经济的稳定性、商业环境、投资气候和市场规模等；对区域进行筛选，考虑因素包括靠近客户、劳动力市场、公共基础设施和交通条件等。

（3）筛选具体地点。形成具体地点和建筑物具体要求，如优选位置、建筑规模、技术规格、费用和时间因素等。

（4）形成备选方案。联系和收集来自合适地点的相关报价和方案书；对各备选方案进行综合技术和经济评价，形成备选方案清单。

2.4 企业房地产租赁和处置

2.4.1 管理企业房地产租赁

（1）制定租赁策略。了解企业对经营成本、稳定性及灵活性的需求，根据企业业务发展周期，制定具有战略性的企业房地产租赁策略，实现房地产组合的投入和产出率最大化。

（2）管理租赁合同。集中管理租赁业务，及时收集、监控并精准管理企业房地产租赁数据；检查租赁合同，确保其妥善执行，并系统地管理租赁合同，确保其与企业的业务策略互相配合。

（3）寻求优化机会。优化租赁模式和租金，整合或者处理闲置企业房地产，充分准备抓住每个机会，发掘重新协商谈判的契机。

2.4.2 处置企业房地产

处置企业房地产主要包括迁址、出售、出租、分租等方式。

（1）分析处置原因。以下五种情况下企业可考虑处置企业房地产：①筹资；②业务迁移或合并；③撤销亏损业务；④削减开支；⑤将资本收益变现等。对于计划投资其他领域或急需业务资金的企业来说，处置房地产会带来战略性的优势。

（2）制定处置方案。处置房地产之前需组建法律、财务、成本、税务方面的团队，对各类台账及历史数据进行尽职调查，最终结合价格和地点等市场因素、法律及环境问题制定处置方案。

企业房地产与设施管理财务与采购

企业房地产与设施管理财务与采购是为了保证企业房地产与设施管理业务正常运行并支持企业业务目标和战略计划，而进行的资金运用和服务交易活动。正确的财务分析方法和规范的采购流程可提高管理层决策水平和实施效率。

企业房地产与设施管理财务与采购包括以下三个方面（图 3-1）。

（1）项目投资决策。项目投资决策是为落实企业房地产与设施管理战略和实现长短期目标而制定的定量计划，用来帮助协调和控制给定时期内企业房地产与设施管理相关资源的获得、配置和使用。

（2）运营费用管理。通过分析运营成本和运营收入，采取一定方法进行企业房地产与设施管理运营业绩的评价和考核，进而达到提高运营效率和提升服务水平的目的。

（3）企业房地产与设施管理采购。根据企业自身战略规划需要，选择从外部市场上购买部分或者全部的资源和能力来完成企业房地产与设施管理功能的过程。就企业房地产与设施管理服务采购而言，按所购买资源和能力的交付方式不同，可分为劳务采购、任务采购、整体服务采购三种基本模式。

3 企业房地产与设施管理财务与采购

3.1 项目投资决策	方法与工具
3.1.1 分析项目生命周期成本 3.1.2 评估投资项目 3.1.3 安排项目融资	LCC 分析； 财务指标分析； 现金流贴现法； 盈亏平衡分析； 敏感性分析； REITs； 实物期权分析

3.2 运营费用管理	方法与工具
3.2.1 编制运营预算 3.2.2 分析运营成本 3.2.3 分析运营收入 3.2.4 考核运营绩效	零基预算； 滚动计划； 本量利分析； 连环替代法； 业绩金字塔； 平衡记分卡； 杜邦分析法

3.3 企业房地产与设施管理采购	方法与工具
3.3.1 制定采购计划 3.3.2 选择供应商 3.3.3 签订合同和交接业务 3.3.4 履行服务采购合同	工作分解结构；卡拉杰克矩阵； SCOR 模型；雷达图分析法； 价值网模型；关键链技术； OTEP 模型；供应定位模型

图 3-1　企业房地产与设施管理财务与采购框架

3.1 项目投资决策

3.1.1 分析项目生命周期成本

项目生命周期成本是建筑物和设备系统整个生命周期所发生的全部花费。分析项目生命周期成本的目的是梳理清楚项目各个阶段成本支出的变化规律，在满足可持续性和用户满意度等指标的基础上，从多个项目方案中选定最优项目方案，实现项目全生命周期总成本最小化和利益最大化。

（1）划分项目生命周期阶段。项目生命周期可划分为规划阶段、建设阶段、运营阶段和处置阶段。该工作主要是确定建筑物和设备系统的分类、分析各大系统对成本支出的影响因素、计算生命周期长度。

（2）分析项目生命周期成本。项目生命周期成本包括规划阶段的土地成本、研究设计费、可行性研究费等前期费用，建设阶段的土建、安装和装饰等工程费用，运营阶段的建筑物和设备运行和维护费用，处置阶段需要考虑相关税费、残值及处置成本。

（3）计算生命周期成本效益。获取项目财务费用信息，明确计算参数（如时间长度、贴现率和通货膨胀率等），计算考虑时间价值的项目生命周期成本效益。基本的计算方法为：规划、建设成本和经常性运营成本之和的净现值减去残值净现值。

3.1.2 评估投资项目

评估投资项目是对拟投资项目进行可靠性、真实性、客观性和投资是否可行、合理进行全面审核和评价。评估投资项目应遵循科学性、客观性、公正性和方案最优原则。

（1）组织财务评估。估算项目总成本、年收入和税金，预测项目的利润和现金流量，评估项目资金贷款利率及贷款条件，计算净现值（NPV）、内部收益率（IRR）、投资回收期等各项技术经济指标，评价项目财务可行性。

（2）分析不确定性。分析在不确定性因素影响下，项目产出的稳定性及项目可能出现的风险及程度，主要包括盈亏平衡、敏感性和概率分析。

（3）评估环境影响和社会效益。分析项目地理位置和项目规模，开展项目对环境影响的技术、经济和综合评估；识别相关利益群体，分析项目的社会影响、项目与社会的相互适应性和项目的社会可持续性等内容。

（4）项目后评估。在项目建成后的某一时间段，依据实际发生的数据和资料，测算分析项目技术经济指标，通过与前期投资评价的对比分析，确定项目是否达到原设计和期望目标，重新估算项目的经济和财务效益。

3.1.3 安排项目融资

项目融资是为了支持企业房地产与设施管理战略而进行的融资活动。通过分析项目生命周期成本和评估投资项目，对未来一定时间内的资金需求形成预测后，应选取适当的融资渠道和融资方法进行合理融资，并对融资过程中的风险进行管理。

（1）确定项目融资流程。项目融资流程包括融资需求识别、融资决策（决定融资模式和渠道）、融资谈判和合同签署、融资实施四个阶段。

（2）选择项目融资模式。项目融资模式是项目融资整体结构组成中的核心部分。设计项目融资模式需与项目投资结构的设计同步考虑。常见的项目融资模式有BOT，TOT，ABS 等。

（3）决定项目融资渠道。按照项目融资方式可将资金来源主要分为权益资本和债务资本。权益资本（即自有资金）的来源主要包括投资者的投入资本、发行股票、企业留存收益等。债务资本的来源主要包括银行贷款、发行债券、信托贷款、租赁融资等。

（4）控制项目融资风险。注重项目融资过程中的风险管理，对项目融资风险进行正确识别、评价、分摊和控制，并对资金来源的可靠性和股权资金与债务资金比例的财务风险等进行把控，对风险的控制应当贯穿整个融资过程。

3.2 运营费用管理

企业房地产与设施管理部门需要对日常运营费用进行有效管理，编制合理的预算，对运营成本和收入进行正确记录和分析，并通过评价指标量化运营业绩，为管理层运营决策提供合理有效的参考和依据。

按照管理业务定位和作用，企业房地产与设施管理部门有成本中心或利润中心两种责任模式。成本中心指发生成本而不取得收入的责任单位；而利润中心指既要发生成本，又能取得收入，还能根据收入与成本配比计算利润的责任单位。

3.2.1 编制运营预算

编制预算是指预算的拟订、确定及其组织过程，是预算能否有效发挥作用的关键所在。企业房地产与设施管理预算根据企业房地产与设施管理年度工作计划制定，有序地反映企业房地产与设施管理工作内容。企业房地产与设施管理预算可分为管理预算、运营预算和资本预算。

（1）确定预算基础。获取企业预算年度指标，安排确定年度运营计划，根据关键历史数据作出合理假设，以此为基础编制企业房地产与设施管理预算。

（2）对接其他部门。与企业其他部门协作，以保证企业房地产与设施管理预算与其他部门预算的对接，从而确保企业各部门的预算保持相对平衡。

（3）对比历史预算。完成预算编制后，将其与历史预算进行对比，对差异进行分析，修改初步预算以使其更加完善。

（4）上报审批。将编制的企业房地产与设施管理预算上报企业财务管理部门，进入企业总体预算编制流程，待审批通过后，进入预算执行阶段。

3.2.2 分析运营成本

运营成本主要指在日常运营和提供劳务过程中产生的成本。重视运营成本准确计量和归集，可明确成本来源，为管理层决策提供可靠的数据支持。同时，在考虑如何降低成本的前提下，更应关注成本发生带来的供给质量、服务水平和灵活性的提高。

（1）划分费用项目。需要计入企业房地产与设施管理运营成本的费用主要包括：固定资产租赁费、折旧费、行政管理人员薪金、公共事业费（如水电煤费用等）、运营服务费（如清洁费、安保费、园艺设计费等）、经常性维保费（如电梯日常维护费等）、非经常性维保费（如项目相关的资产维护费等）等。

（2）归集运营成本。将企业房地产与设施管理运营费用进行有序的收集和汇总，并正确计入相应的会计科目。除了管理费用、劳务费用、研发成本等常用会计科目外，应当根据公司实际情况设立会计明细科目，并根据适用的会计准则（PRC GAAP，US GAAP，IFRS）正确记录相关活动（如购进固定资产发生的相关支出进行费用化或资本化的不同处理）。

（3）分析和跟踪运营成本。在正确划分运营过程中费用项目和进行会计处理的基础上，利用比较法、比率法、因素分析法和差额计算法等对企业房地产与设施管理成本状况进行进一步的分析和跟踪。通过确定度量指标开展基准分析，编制预算执行报告为管理层提供正确成本信息。

（4）预测运营成本变化。通过观察企业房地产与设施管理过程中实际发生成本和前期预算成本之间的差异，分析其原因，并对未来的成本进行合理有效预测。

（5）进行运营成本决策。根据成本数据的分析结果和对未来成本的预测，做出符合企业房地产与设施管理战略要求的成本决策，如选择内部管理或外包，优化成本结构、费用和服务质量等。

3.2.3 分析运营收入

运营收入主要包括对外转让、销售、结算和出租企业房地产或建筑物与设备所取得的收入。通过对运营收入进行管理，可以平衡运营成本，最大化房地产及设施管理效益。

（1）分析租赁服务收入。将房地产或建筑物与设备以市场价格向第三方进行租赁获取收入，通过提供租赁服务可以降低房地产空置率，提高单位成本效益。

（2）分析附加服务收入。向第三方出售的附加服务收入，包括清洁服务、会场服务、茶水服务收入等，如以联合办公的形式向个人或企业提供办公场所租赁和附加服务。

（3）分析成本分摊收入。将归集的各类企业房地产与设施管理运营成本分摊给各业务单位，常用的有按部门营业收入、员工数量和占用面积等因素进行成本分摊。

（4）分析内部计费收入。将提供的企业房地产与设施管理服务按照市场价格向各业务单位收取费用，获得内部计费收入。

3.2.4 考核运营绩效

企业房地产与设施管理运营业绩考核的要素主要包括评价主体、评价客体、评价目标、评价指标及相关激励机制。通过运营业绩考核，可以评价管理者绩效，明确部门运营情况，对发现的问题及时改进，提高成本利润率。

（1）分析预算完成情况。预算完成情况的考核主要是对预算差异的考核。通过比较实际执行情况与预算目标，确定两者之间的差异额并判断其发生原因，以采取适当的矫正措施。预算差异分析应遵循重要性原则、定量分析与定性分析相结合的原则。

（2）确立业绩指标：成本中心。由于成本中心只对所报告的成本或费用承担责任，所以成本中心业绩评价的主要指标有成本增加额、成本升降率和其他运营相关的非财务指标等。

（3）确立业绩指标：利润中心。对利润中心业绩进行考核的重要对象是其可控利润，一般包括毛利、贡献毛益和营业利润三种不同层次的收益指标。

（4）选择考核方法。除采用上述具体业绩指标进行考核之外，企业还可以使用其他业绩考核与评价方法，如基于经济附加值（EVA）进行考核、基于战略进行考核（如业绩金字塔、平衡计分卡等）。

3.3 企业房地产与设施管理采购

采购是指企业在一定的条件下从供应市场获取产品或服务作为企业资源，以保证企业生产及经营活动正常开展的一项商务活动。企业房地产与设施管理按采购对象划分，包括机械设备、工程、原材料、零部件等有形采购，以及技术、服务等无形采购。采购的方式也有集中、分散等不同类型。本部分主要以企业房地产与设施管理服务采购为例。

3.3.1 制定采购计划

采购计划指导整个采购过程。在明确采购目标的基础上，开展市场分析，然后才能确定采购策略和计划安排。采购计划应包含详尽的市场资源和能力分析、以及与企业自身需求匹配度的判断，评估服务交付环节的风险并采取必要的规避措施，以确保采购决策是基于充分的市场情报、采用最合理的商务模式帮助企业最有效地利用市场资源和能力来实现采购目标。

（1）明确采购目标。理解企业核心业务的状况及中长期战略发展方向，识别企业当前和未来的房地产与设施管理需要和期望，分析企业内部的管理资源及能力配置，制定服务质量、外包治理等重要目标。

（2）开展市场分析。调研供应商市场地理覆盖范围、成熟度和供应商能力水平，考察其他外部组织类似的实践案例，了解市场上不同商务模式的特点、所针对的应用场景及实践中常见的挑战，确定需要购买服务的合理价格范围或行业基准。

（3）确定采购策略。明确需要购买服务的工作范围、服务标准和成本基线，选择最优的服务交付和计价方式，设立供应商更换条件或退出风险控制，制定采购线路图。

3.3.2 选择供应商

针对工程、设备和服务的不同类别，采购方式可分为招标采购和非招标采购。招标采购分为公开招标、邀请招标；非招标采购又可分为竞争性谈判采购、询价采购和直接采购等方式。下文以企业房地产与设施管理服务供应商的邀请招标采购为例，分析供应商选择过程。

（1）确定供应商名单。确定供应商初步名单，制定并发出招标邀请书，组织供应商到项目现场参观、访谈，开展供应商资格评价，确定投标供应商名单。

（2）制定需求方案说明书。明确服务需求，界定业务范围，完成需求方案说明书。供应商依据需求方案说明书准备投标文件。

（3）组织投标和评标。召开标前澄清会，组织供应商投标，召开标后澄清会；依据既定的评价标准对供应商进行评审，选择确定最终供应商。鉴于企业房地产与设施管理服务的单次采购体量不断增加，针对复杂服务需求解决草案的沟通和反馈，将会降低供应商提交“过度”或“不足”解决方案的风险。

3.3.3 签订合同和交接业务

评标结束，企业应为合同谈判做准备，随后与供应商进行谈判，确定合同条款，并与最终选定的供应商签订正式合同；然后以采购合同为基础，将相应的企业房地产与设施管理服务授权给供应商启动。

（1）谈判准备。制定合同谈判计划，明确谈判领域、谈判目标、谈判策略。

（2）授予合同。与供应商就双方权责利进行谈判，协商解决有关合同条款的主要分歧，签订采购合同。

（3）交接业务。组建核心团队，制定业务交接方案和业务交接计划，评估交接进度、风险和挑战，实现业务交接工作的平稳过渡。

3.3.4 履行服务采购合同

切实有效地履行采购合同，并有效地处理合同变更争议问题，从而最大限度提升财务和运营表现、降低服务交付风险。合同管理贯穿于企业房地产与设施管理服务整个过程，是服务采购成功的关键。

（1）交付服务。以服务水平协议为依据，建立关键绩效指标评价体系，定期考核关键绩效指标履行情况，对供应商服务情况进行阶段性总结，为供应商提供必要的指导和帮助，有效地实施企业房地产与设施服务持续改进机制。

（2）管理变更。建立合同变更控制程序，确定合同变更控制管理的范围及各方负责人，协商确定具体变更请求的工作内容和价格；经企业和供应商双方负责人签字确认生效后，通知相关人员合同变更的内容以确保变更的履行。面对企业动态业务变化产生的大量变更需求，合同签署各方应不断寻求有效的变更控制方法来实现合同意图。

(3) 处理争议。设定合同争议的处理等级，根据不同等级确定不同的决策人员。每一级合同争议处理人员如果未能解决分歧，至少应就分歧内容达成一致意见，这将便于上一级争议处理人员的高效介入。

工作和生活空间管理

工作和生活空间管理是一项持续性的管理过程，涉及企业未来的发展、工作空间搬迁以及新工作类型等因素。空间管理的意义在于更加凸显人的价值，提升人的生活体验和工作中的创造力，并通过人与环境的相互协作最终实现企业绩效。良好的空间管理有利于企业文化建设、品牌形象宣传、优秀人才吸引、财务成本控制等核心竞争力打造。

工作和生活空间管理包括以下四个方面（图 4-1）。

（1）空间需求分析。对空间使用人员在空间内开展业务活动产生的导向性、便捷性、舒适性、安全性以及相关设施配套性的空间需求进行分析。

（2）空间规划。在考虑布局和工作环境对企业生产力影响的基础上，制定比较全面、长远的工作生活空间发展计划，设计未来整套行动方案的过程。

（3）空间使用管理。日常工作中对空间进行分配、制定各种空间使用规则、引导用户正确使用，以及小型变更管理，并评估空间使用效率、核算空间使用成本等的过程。

（4）空间变化管理。根据企业战略规划和业务发展的需要，对工作场所空间变化相关活动进行系统规划和实施，以提升空间价值和支持企业变革的过程。

4 工作和生活空间管理

4.1 空间需求分析	方法与工具
4.1.1 采集空间需求数据 4.1.2 预测空间需求 4.1.3 确认空间需求	头脑风暴； 焦点小组访谈法； 问卷调查法； 需求层次理论； 卡诺（KANO）模型

4.2 空间规划	方法与工具
4.2.1 划分空间类型 4.2.2 制定空间标准 4.2.3 确定空间形式和布局 4.2.4 进行空间配置	空间句法； 人体工程学； 系统布置设计； 作业相关图； 建筑信息模型； 虚拟现实

4.3 空间使用管理	方法与工具
4.3.1 建立空间库存信息 4.3.2 安排空间调配任务 4.3.3 核算空间使用成本	集成工作场所管理系统； 排队论； ECRS 分析法； 帕累托法则； 内部计费

4.4 空间变化管理	方法与工具
4.4.1 构建共同愿景和计划 4.4.2 组建工作团队并管理变化 4.4.3 开展新启用空间核查和评估	业务流程重组； PDCA 循环； 战斗 / 逃跑反应； 冲突管理； 变革五因素； 力场分析法

图 4-1　工作和生活空间管理框架

4.1 空间需求分析

4.1.1 采集空间需求数据

空间需求分析是工作空间管理中的一项基础性工作。合理分析空间需求，是寻求空间使用成本和空间使用人员满意度两者平衡的重要举措。空间需求分析的第一步是采集空间需求数据。

（1）明确数据采集。采集战略层面空间需求数据，正确把握空间需求的出发点；采集业务层面空间需求数据，了解各个部门的发展计划，重点关注每个部门的人力计划、IT 技术变化；采集人员层面空间需求数据，包括用户在空间里要实现的目标、开展的工作和活动、实现目标需要的专业设备和服务。

（2）选择数据采集方法。数据采集方法包括头脑风暴、访谈、工作坊、问卷调查等传统方法，以及指纹打卡、红外温感、RFID、Wi-Fi 使用记录、虹膜扫描、人脸识别、红外传感、静脉识别、蓝牙等现代技术。无论采用何种方法，要注意和用户沟通数据采集的过程，确保数据真实有效。

（3）制定数据采集流程。数据采集流程包括：目的设定、提纲设计、用户筛选和邀请、现场采集、结果汇总和分析、需求提炼等环节。

4.1.2 预测空间需求

空间需求随市场或经济环境变化及公司业务变化而持续变化，因此需要进行空间需求预测。空间需求预测是基于科学合理的方法对企业工作空间的配置面积、工位数量等指标进行预测，从而为相关资产配置、财务决策提供依据。

（1）确定空间分类。按照空间使用特点和空间活动特性，确定空间分类。例如，工作空间可分为工作区域和支持区域，再对工作区域和支持区域进一步细分，直到可以对应具体的用途。

（2）确定空间面积标准。可采用调研、经验估计、参考行业标准等方法，确定具体空间面积指标。

（3）分析空间活动。不同行业或企业的空间活动各异。例如，医院就诊活动包括候诊、挂号付款、就诊、取药、检查等；学校教学活动包括上课、实验、研讨等。

（4）确定活动和空间之间的关系。根据企业经营活动的特点，将空间中业务活动或人的行为与空间分类结合起来，建立相互对应关系。

（5）计算空间面积。根据空间活动分析、活动和空间之间的关系、空间面积标准数据，计算人均空间面积需求和辅助面积需求，再确定空间面积总需求。

4.1.3 确认空间需求

确认空间需求包括需求评估、需求验证和需求跟踪等过程。

（1）需求评估。需求评估是对需求分析的成果进行评估和验证的过程。通过马斯洛需要层次法、KANO模型法、伪测试、PK法、场景法等方法进行空间需求评估，筛选掉明显不合理的需求。然后通过目标分解等方法把所有需求的优先级明确下来，并给客户机会表达他们认为的首要空间需求。

（2）需求验证。需求验证主要是对空间需求分析的成果与客户进行确认，确保分析无误和无遗漏。需求验证和需求分析可能会反复进行，不断调整，最终确认无误。对于核心业务或影响较大的需求，最好先在内部把关，内部评审后再与客户确认。

（3）需求跟踪。需求跟踪主要是指对空间需求达成的情况、需求开发和交付的质量、用户感知的影响情况、需求引起的投诉情况、需求的成本与收益情况进行评审。在评审结束后，确保对需求理解到位。

4.2 空间规划

4.2.1 划分空间类型

空间是物质存在的一种客观形式，由长度、宽度和高度表现出来。空间类型是按照一定的分类标准，将空间进行分类汇总，从而得到的有价值的参考数据。划分空间类型是空间规划和空间利用状况统计的基础工作。工作和生活空间可以按下列两个方面进行分类。

（1）按使用空间分类。按照不同企业的性质和经营活动用途，可以区分不同业务形态的使用空间。例如，办公楼工作空间分为办公室、会议室、交流合作区、存储空间、电话间等；图书馆可以分为入口大堂、信息服务区、阅览区、藏书区、员工工作和办公区、公共区、设备区和生活区等；医院可分为各个科室、手术室、实验室、病房、化验室等。未来随着企业经营变化和业务流程重组，业务空间形式及其分区将变得越来越灵活可变。

（2）按建筑空间分类。建筑空间包括墙、地面、屋顶、门窗等围成建筑的内部空间，以及建筑物与周围环境中的树木、山峦、水面、街道、广场等形成建筑的外部空间。建筑内部空间按不同功能要求进行分类，进行合理分割和组合，形成不同的建筑功能分区。民用建筑内部空间一般可以分成主要使用空间、次要使用空间（或称辅助部分）和交通空间三大部分，相应的形成使用面积、辅助面积和交通面积等指标。

4.2.2 制定空间标准

空间标准主要是对于各种空间类别、不同职级员工的空间面积尺寸的规定。企业可以根据自身所处的行业特点、发展战略、业务形态、历史数据、内部调研等信息确定企业内部的合理空间面积标准。

（1）计算人均面积。人体规格和人体活动空间决定了人们生活、工作的基本空间范围。人均面积应满足人的生活工作行为的生理和心理需求。

（2）计算工位面积。基于员工的工作行为（在企业的活动时间和有效工作区域）和职级为员工配置不同规格的工位面积。

（3）计算辅助面积。在办公工位配置之外，还应为员工提供工作支持区域，以辅助员工在工位之外所必要的工作。例如，会议区、洽谈区、物品储存区、创意思考区和电话间等。辅助面积根据业务性质、空间形式、空间条件等因素，按照基本使用面积的相关比例计算。

4.2.3 确定空间形式和布局

（1）确定空间形式。评估和分析现有物理环境下的业务流程和组织关系，确定合理的空间形式。例如，基于员工工作行为特点采用开放式办公空间或封闭式办公空间，其中开放式办公空间又包括固定工位、非固定工位和混合工位等形式。

（2）设计空间配比。功能空间之间存在非常强的配比关系，如办公位与卫生间厕位数量配比，茶水间和储藏室面积配置，开放式空间和封闭式空间的配比，固定工位和非固定工位的配比等。

（3）优化空间布局。利用BIM等信息化专业软件进行人流、物流动线的仿真模拟，审视当前空间结构是否符合企业运营目标的要求。基于软件模拟和实践总结，优化空间内业务或工艺流程，调整各个空间单元之间的关系。

4.2.4 进行空间配置

空间配置是以空间功能为核心来配置其所需的建筑构件、空间环境、机电设备、家具和装饰。不同功能空间的配置目的不同，空间配置的指标没有全社会统一的标准，需要针对企业内部特定情况进行个性化设计。

（1）选用建筑构件。确定建筑分区的隔断、地板、楼梯等元素，根据降噪等方面的考虑配置墙面饰面、天花板等。

（2）配置空间环境。根据声音、照明、通风、温湿度等空间环境指标，配置符合要求的天花板细节、电子声屏蔽系统、HVAC 系统等。

（3）配置机电设备和家具。根据每个区域的功能和使用需求不同，配置不同的办公家具、电气和通信等设备。

（4）设置空间标识。根据人在不同位置的不同信息需求，设置不同内容的标识。空间标识应反映企业文化，以系统化设计为导向，综合解决信息传递、识别、辨别和形象传递等功能。

4.3 空间使用管理

4.3.1 建立空间库存信息

将空间视作资产就会产生空间库存的概念。空间库存总是在发生变化，需要对空间信息的动态变化进行控制，以随时掌握空间库存状况。

（1）关注空间变化。负责空间管理的人员要能够接收到各种类型的人员、空间变化信息，通过合适的办公空间管理软件对信息做及时更新。同时也需要密切关注企业自身业务的变化所带来的空间需求变化。

（2）建立空间编码。空间是一种特殊的资产，每一个空间都有其面积和位置。用有意义的标识来代表空间单元，便于进行空间库存管理。编码时注意长度、准确性和可读性。

（3）记录空间信息。借助计算机辅助空间管理工具，建立实时空间监控系统，及时对空间数据进行处理，包括空间信息的记录、存储、检索、分析和沟通。

4.3.2 安排空间调配任务

（1）制定空间调配流程。主要工作包括接受空间调配申请、拟定调配方案、协商和调整调配方案、审核并最终确定调配方案等工作内容。

（2）评估空间使用情况。采集空间使用数据，分析并评估空间使用情况，收集使用部门的反馈意见。

（3）实施空间搬迁方案。根据企业业务调整和人员变动，安排员工办公资料、辅助物品的搬迁，对现有家具和办公设备进行重新布局，直至进行建筑物平面或结构调整，安排搬迁计划，控制搬迁频率和成本支出。

4.3.3 核算空间使用成本

根据空间布局和各部门的空间使用情况，定期进行空间成本分摊，形成空间使用成本分析报告。

（1）划分空间责任主体。根据单位的性质，结合组织架构和空间实际使用情况，划分空间使用的责任主体。以空间责任主体为单元，按照确定的计费方法承担空间使用成本。

（2）制定内部计费方法。确定空间内部计费的制定目标，分析企业内部和外部环境因素，选择合适的方法计算空间的整体成本和公用空间成本，并对公用空间费用进行合理分摊。

（3）确定空间分摊费用。对公用面积和各责任主体所用空间面积进行测量、统计，综合考虑各责任主体所占面积、人员数量、部门性质等情况，根据制定出的内部计费方法确定空间分摊费用。

4.4 空间变化管理

空间变化管理是企业空间战略与空间规划、设计和搬迁等活动相结合的过程，其目的是帮助员工快速适应新的工作空间，助力企业经营活动发展，展示企业文化。

4.4.1 构建共同愿景和计划

成功的商业计划是建立共同愿景、实施空间计划的基础，其合理与否对整个工作空间变化管理有重要影响。

（1）把握变化时机。评估企业执行变更的能力，对变更所需资源进行全面检查。调查员工对工作空间变化是否准备就绪，以探知员工对工作空间变化的心理适应度，避免工作空间变化过程出现严重的抵触行为。

（2）建立共同愿景。在工作空间变化过程中，让包括执行发起人和部门领导在内的员工更多地参与未来工作空间的相关决策，建立共同愿景，表达被大家所认可的理念、思维方式和想法，并通过宣传和引导，成为空间变化管理遵循的原则。

（3）构建商业计划。构建商业计划时应该用数据说话，包括投资回报率、空间密度、空间利用率、工作效率、员工满意度、员工参与度、交付进度、建筑成本等指标的分析，最终形成反映现状和实施能力的评估报告、反映员工意见的调查报告、实施方案以及工作计划等。

4.4.2 组建工作团队并管理变化

（1）组建工作团队。工作空间变革管理一般由有空间变化管理经验的本企业工作团队主导，聘请独立的外部第三方团队具体实施，涉及企业内部和外部多方面的人员。需要确定空间变化管理团队的组织结构，并划分工作职责。

（2）进行全方位沟通。工作团队应向员工充分阐释新工作空间带来的价值提升，使员工能够理解工作空间的变化并做好准备。员工在不同方面有很多需要关注的问题，应该进行各方面兼顾、有针对性的沟通。沟通在整个项目周期持续阶段进行，且越早越好。沟通内容可以包括资产和设施、建筑设计、施工、家具、技术、人力资源、搬迁管理等方面；沟通形式包括对话、会议、讨论、培训，以及图纸、说明书、专栏、网页、3D/虚拟展示、视频、实体模型、体验、考察、样品、投票等。

（3）接纳和适应变化。企业领导者要带头引领全员的行为方式进行转变，使其符合共同愿景中的新的企业文化。只有在高层领导推动下，员工才更愿意展现出新的工作方式和行为模式。尽可能采取多样化的措施帮助员工适应新的工作环境。

4.4.3 开展新启用空间核查和评估

（1）核查新启用空间。在搬迁项目完成、新空间启用后，工作团队要清点物资数量，查看空间使用状况，处理空间变化后产生的问题，更新空间管理信息系统的数据。

（2）评估新启用空间。对新启用空间使用一段时间（3～6个月）后进行经济性、环境舒适性、安全风险、员工满意度等方面评估，考核空间变化项目预设的质量、时间和成本目标是否达到。

5 建筑物运维及其专业服务

建筑物运行与维护管理（简称运维管理）是建筑物生命周期中一个重要阶段，涵盖了建筑物及其设备运行和维护等诸多工作环节。建筑物运维管理时间跨度大、运营成本高，直接影响建筑物的使用寿命和客户体验。

建筑物运维及其专业服务包括以下三个方面（图 5-1）。

（1）项目交接管理。在运维管理团队介入设施管理之前，与项目管理团队进行交接，接收场地及其所有需要进行运行与维护的建筑物和设备，开始进行运维管理工作的过程。

（2）运行与维护、维修管理。是对建筑物中“物”的运行状态的管理，同时履行或者恢复建筑物期望功能所进行的所有活动，以使建筑物得以保值、增值。

（3）专业服务。是指除工程运维外，向客户提供清洁、保安、邮件、通信和餐饮等服务，以及维持建筑日常运营所需的其他服务。

5 建筑物运维及其专业服务

5.1 项目交接管理	方法与工具
5.1.1 解读交接范围 5.1.2 组建交接团队 5.1.3 实施项目交接任务	目标管理； 里程碑计划； 亲和图法； SMART 原则； 组织成熟度模型； 尽职调查

5.2 运行与维护、维修管理	方法与工具
5.2.1 运维管理组织 5.2.2 运维管理策略 5.2.3 运维标准和计划 5.2.4 运维响应机制 5.2.5 工程整改项目管理	价值工程； 质量功能展开； 六西格玛理论； 看板管理； 价值流图； 关键路径法； 控制图； 5M1E 法； 故障预测与健康管理； 失效模式和影响分析

5.3 专业服务	方法与工具
5.3.1 清洁服务 5.3.2 安保服务 5.3.3 景观绿植服务 5.3.4 餐饮服务 5.3.5 热线和前台服务 5.3.6 虫控 / 消杀服务 5.3.7 邮件服务 5.3.8 专车服务 5.3.9 废弃物处理	5S 管理； 目视管理； 标准作业程序； 基准分析； EFQM 模型； 绩效棱柱模型； SERVQUAL 模型； RFM 模型； 关键事件法

图 5-1 建筑物运维及其专业服务框架

5.1 项目交接管理

5.1.1 解读交接范围

解读交接范围的过程，常常也称为合同交底。基于合同分析交接各方责任界定范围、交接流程、交接计划表和交接成果清单，以及运维管理工作内容，确定运维过程的承诺，交接双方的工作界面和最终的交付成果。

（1）确定交接类型。项目交接分为新建项目交接和既有项目交接。新建项目交接是指新建项目建设阶段结束后由基建项目方向设施管理运营方交接的过程；既有项目交接是指既有项目从原项目运营方向新项目运营方交接的过程。

（2）落实交接内容。基于合同分析，明确项目所包含的服务范围以及责任矩阵，澄清工作界面，从而制定相应的交接计划，组建交接团队，在逐步熟悉现场环境及建筑运维状况的同时，建立交接项目运维管理体系及标准，最终顺利完成项目接管。

5.1.2 组建交接团队

（1）策划交接团队架构。交接团队包括交接期管理团队（包括业务运营人员和人事、质量、技术、采购等管理人员）和后期驻场运维团队。交接期管理人员主要来自接管企业内部业务管理部门；而驻场运维人员则来自接管企业公司的内部调动、外部招聘以及既有运维团队等。

（2）明确交接管理团队任务。交接负责人是接管企业派选全权负责本项目交接的核心人员，是保障项目顺利接管的关键。交接管理团队在交接负责人统筹管理和协调下，制定交接计划，组建后期运维团队，确保建筑运维合同顺利签署。

（3）落实驻场运维团队职责。所有驻场运维人员需要在项目交接期内全部到岗，并经过专业培训后方能投入正式运维。后期驻场运维人员应该熟悉现场环境和建筑运维要求，参与现场培训，掌握现场运维流程及标准，负责现场最终实物（文档资料、钥匙、图纸、操作系统、密码等）交接。

5.1.3 实施项目交接任务

（1）制定交接管理方案。通过熟悉现场，制定项目交接管理计划，明确各项业务工作职责与界面，制作各项业务具体操作指导文件，确保各业务后期运维团队整体能力符合运维要求。

（2）建立交接管理体系。建立现场质量管理体系框架，提出项目交接管理方针、管理目标和要求；建立流程制度体系，例如工单响应流程、预防性维护响应流程、备品备件采购制度管理等程序文件；建立运维操作手册和记录文件等。

（3）开展技术尽职调查。技术尽职调查是接管方掌握项目现场的重要方法。通常情况下，技术尽职调查团队是由各专业（暖通、强电、弱电、土建等）工程师组成，通过文档资料查阅和现场检查测试两部分完成，完成尽职调查报告，并提出整改策略和措施，直到所有不符合项关闭为止。

（4）确立绩效考核标准。基于合同分析明确项目 SLA，并将其逐步分解至运维团队，从而使得项目整体目标一致。同时，基于 SLA 制定明确的 KPI 考核标准，确保服务达标有据可依。

（5）组织人员和培训。组织招聘后期运维团队相关人员，进行相关人员培训；寻找供应商，签订专业分包服务合同。

5.2 运行与维护、维修管理

为保证建筑物高效、有序和可靠运行，现场工程运维主要工作通常分为运行、维修、保养和小型整改四个方面。

5.2.1 运维管理组织

基于对建筑物运维管理范围的解读，为保障现场高效有序运转，现场应配置运维方面团队，以保证各系统得到良好维护。

（1）组建运维团队。应基于现场建筑物体量、复杂程度及专业程度综合考虑配置现场运维团队，运维团队通常包含运维管理团队、运行团队和维护维修团队。同时，基于系统复杂程度，配置相应专业工程师以提升系统专业能力。此外，根据外包程度的不同，业主方和设施管理服务供应商管理层和工程师团队的人员配置情况也各不相同。

（2）确定岗位职责。运维管理团队主要负责统筹管理，制定整体计划及工作安排，并负责项目技术攻关，针对技术方案可行性进行审核，制定各专业运维策略；运行团队负责日常操作、检查，同时根据环境及客户需求，实时调整运行参数，保证建筑物能够最佳运作；维护维修团队负责响应各项维修需求，同时兼顾保养工作，确保建筑物处于良好状况。

（3）考核绩效。运维团队需要设定整体运维工作目标，并将这些目标分解至各运维岗位，使得各个岗位工作水平得以量化考核，以确保工作质量。同时，所有岗位员工均需要按照质量管理文件要求执行运维工作。

5.2.2 运维管理策略

运维管理策略是通过对建筑本体、设备系统的专业管理与维护，最大限度地保证正常运作和持续优化；通常情况下，分为运行策略和维护策略。

（1）区分运维对象。是指基于建筑物和设备的重要性及影响程度，对其进行分类分级管理，从而对不同等级建筑物和设备制定不同的运维策略。通常情况下，针对关键建筑物和设备将采取实时监控和专业维保，而针对非关键建筑物和设备则采取定期检查和以修代养策略。

（2）制定运行策略。运行策略是指建筑物和设备的整体运行策略，涉及运行工况监控，主要包括启停设置、关键参数设置，实时参数调整等，并通过智能化系统监测和实时调整，辅助以人员值守、巡检等方式来确保现场的高效、可靠运行。楼宇自控系统作为项目运行管理的中枢系统进行统一监控，集成空调系统、冷机、锅炉、电梯、监控、门禁、电力、能源等各方面子系统，依靠系统智能化管理，同时辅助以人工监控调节；智能化系统无法全面覆盖区域，通常安排人员进行值守或定期检查。主要针对环境异响、异味等无法通过数字化传输获取的感官参数进行人工检查，以增强运行可靠性。

（3）制定维护策略。针对不同故障模式及潜在风险，采取一系列纠正预防措施。通常情况下，维护策略可分为反应性维护、预防性维护和预测性维护。①反应性维护是一种被动的维护方式，大多为故障性维修，一般通过客户报修或者巡检保修产生，小部分是由于客户的个性化需求产生的临时维护；②预防性维护是按事先制定的计划和技术要求所进行的维护活动，以预防为主，通过有计划的预防来保障建筑物和设备的正常运行；③预测性维护是通过定期检测预测可能出现的情况和出现的时间而进行的维护。

5.2.3 运维标准和计划

运维计划是指基于运行和维护策略制定的总体运维计划，包含巡检计划、保养计划、维修计划等。以维持建筑物和设备的可靠性为目标，从而持续提高企业生产效率、增加设备运行稳定性和安全性。

（1）建立运维标准。为了确保建筑物和设备安全可靠的运行状态，需要定期进行检查和维护操作，建立不同类型设备的状态检查清单及维保标准。根据国家强制标准、行业标准及企业标准，以及各类使用说明书等资料，区分不同检查及维护频次，形成各类型运维标准。例如，冷水机组季度保养标准、新风机半年度保养标准、电梯双周检查标准等等。

（2）制定运维计划。识别现场所有需要进行检查及维护的建筑物和设备，结合相应运维标准，并指派给具体责任主体负责实施。每一项运维计划应至少包含对象、标准、时间、周期、责任人等内容。

（3）执行运维任务。根据运维计划要求，在指定时间创建相应巡检、维护工单，并根据责任人进行工单派发，由相关责任人完成对应的运维计划工作。通常情况下，企业会使用运维管理系统进行运维计划的统一管理，从而实现自动化管理。

5.2.4 运维响应机制

为满足客户对设施管理和服务的需求建立运维响应机制即工单管理，工单响应的速度、人员安排依据工单的紧急性、重要性、安全性、影响范围的大小而定。对工单的种类、响应时间、完成时间、客户满意度等记录在案并进行分析，出具专业报告。

（1）设立工单报送渠道。根据业务活动描述制定与合同要求一致的报送及服务响应渠道。该渠道主要为：人工报单、服务热线电话、运维管理平台软件、智能终端等。

（2）建立工单派发机制。分为人工派单和平台自动派单两种方式。平台自动派单又分为平台派单（由平台派发工单）及抢单模式（由员工在智能终端上抢单）。

（3）完成工单并反馈。工单执行人在接到派发工单后，应按照工单指示完成相应工作并进行反馈。工单执行人应具备良好的专业技能和服务意识，从而能在规定的时间内完成指定的工作。

（4）进行工单分析。是指通过对工单类型、频率及工单完成时间的分析，确定运行的状况，从而优化运维策略，为后期维护保养、更新改造等提供重要依据。

5.2.5 工程整改项目管理

工程整改是指因企业业务发展需要导致的空间变化、建筑物及设备更新等原因发生的一定金额的工程改造项目。

（1）分析项目需求。针对业务部门提出的需求整改，企业一般进行需求评审，防止漫无目的的需求提议。设施管理部门应根据批准的需求，进行需求可行性分析，并基于优先级安排整改计划。

（2）制定方案和预算。依据项目需求分析，制定项目实施的具体方案和预算计划，进行方案可行性分析，并将项目实施方案与需求进行匹配。同时，按需求将实际施工报价与预算进行匹配。

（3）监管施工过程。针对整改项目施工进行整体监管，主要关注工期、质量、安全、成本及变更等核心环节。工程整改往往是发生在企业日常运营过程中，因此需要重点考虑整改过程对企业日常工作的影响，尤其是关注施工安全。同时应做好变更管理，特别是对设备及空间的调整，需要及时反映在相应图纸上。

（4）组织项目验收。在工程整改项目完成之后，依据验收标准核查项目计划规定范围内各项工作或活动是否已经全部完成、最终交付产品是否与需求匹配、是否满足功能性要求，并将核查结果记入验收文件。

5.3 专业服务

5.3.1 清洁服务

清洁服务是指通过专业清洁人员使用清洁设备、工具、消耗品和药剂对清洁对象进行日常和周期性的清扫服务。清洁服务可以在普通工作环境和药品生产质量管理规范（GMP）、药物非临床研究质量管理规范（GLP）环境下进行。

（1）明确要求和标准。理解清洁服务合同的内容、合同范围、服务标准、绩效考核等。

（2）制定服务计划。制定日常清洁服务计划、资源分配计划、计划性清洁服务计划，制定清洁服务的标准化流程和清洁服务的月报。

（3）管控服务执行。结合现场的作业环境和作业需求选择合适的、高效的清洁工具和高效的清洁药剂；现场的清洁工具和药剂存储需要符合 5S 标准，进出库、领料专业化管理；药剂的使用需要有安全数据卡，清洁员工配置防护用品，并接受化学品使用的培训。

（4)开展服务评估。日常工作检查,发现服务的缺陷并及时纠正; 持续服务提升，提高劳动生产率，给客户带来增值服务。

5.3.2 安保服务

安保服务是指通过专业保安人员基于安防设备和系统的管理，通过 CCTV 监控系统、周界防入侵系统、门禁控制系统，以及消防报警和火灾控制等系统，向客户提供人员进出、物品进出、区域内停车管理、交通疏导、应急响应、消防管理等服务。

（1）明确要求和标准。了解国家对保安服务行业的管理要求，结合现场情况和客户方的规章制度建立标准化的作业流程，以保证服务的专业性、统一性。

（2）安排服务内容。包括门禁管理管理、巡逻服务、守护服务、监控管理、消防管理和风险应急管理。

（3）建立管理体系。针对客户需求进行持续跟踪安保培训、输出日报、周报、月报等工作文件，依据项目现场管理进行督导巡查和跟进整改。

5.3.3 景观绿植服务

景观绿植服务包括室内绿植服务和室外绿化服务。室内绿植是指针对企业现场办公、生产环境，组织景观绿植点位设计、布置和更换、定期维护等服务环节和专业的租摆服务；室外绿化服务是指使用绿化专用设备、工具、消耗品、肥料、杀虫剂给客户方提供专业的绿地、灌木、树木的养护服务。

（1）明确要求和标准。理解相关支持性文件、景观绿植服务合同的内容，包括合同范围、服务标准、绩效考核等。

（2）编制服务计划。绿化服务巡检计划、绿化服务巡检检查表、编制绿化服务月报。

（3）落实服务措施。结合现场的作业环境和作业需求选择专业工具和低毒、高效的杀虫剂、叶片光亮剂；作业完成后垃圾应妥善处置；药剂的使用需要有安全数据卡，为养护人员配置防护用品，并接受化学品使用的培训。

（4）开展服务评估。依据既定的绿植维护和巡检计划，定期安排养护人员检查景观绿植，制定绿化统计表、绿化养护、除害灭虫、绿化补种、移植、绿化清点等记录；利用室内绿植二维码、服务 APP 等创新工作持续服务提升。

5.3.4 餐饮服务

餐饮服务是提供餐饮物品和客户用餐服务的一系列活动。

（1）明确服务形式。服务形式主要有餐饮自营和餐饮外包。餐饮自营是指餐饮供应全部自行经营；餐饮外包是指餐饮供应商按需求提供的餐饮服务。

（2）提出合同要求。餐饮服务合同的内容包括合同范围、服务标准和绩效考核等。

（3）实施满意度管理。消费者满意度调查，在消费者中开展满意度调查，并将调查统计结果定期发送，通过消费者 / 客户满意度，来评估并寻求缩短差距的解决方案。

5.3.5 热线和前台服务

热线和前台是指受理和办理客户各类业务的申报、咨询、投诉，服务人员对客户的调查、回访等以支持客户核心业务活动。

（1）明确服务内容。热线服务包括呼叫记录、留言系统、系统管理、工单派发等。前台服务包括展示、公共广播系统、访客服务、管理信息、现场指引服务。

（2）开展满意度调查。采用问卷调查、因子分析、相关分析等方法和工具，对顾客满意度进行调查，并研究提炼影响服务质量和顾客满意的核心因素。

（3）管控服务质量。运用内部考核和问卷调查等方法，对服务项目实施过程考核，并运用鱼骨图、控制图、矩阵图等分析方法，分析导致质量问题的主要因素，提出质量改进对策。

5.3.6 虫控 / 消杀服务

虫控 / 消杀服务是指使用设备、工具、消耗品和药剂对服务对象的现场开展日常和周期性的虫害预防和治理服务，具体服务范围包括：除四害（苍蝇、蚊子、蟑螂、老鼠）、白蚁防治、防蛇、哺乳动物驱赶等。

（1）明确要求和标准。理解服务合同的内容，包括合同范围、服务标准和绩效考核等。

（2）制定服务计划。包括虫控 / 消杀服务巡检计划、巡检检查表、虫控 / 消杀控制服务月报。

（3）监督服务执行。结合现场的作业环境和作业需求选择专业工具，妥善处置作业完成后的垃圾，药剂的使用需要有安全数据卡，清洁员工配置防护用品，并接受化学品使用的培训。

（4）开展服务评估。依据既定的虫害防治和巡检计划，定期安排服务人员检查室内外的饵站，并进行更换和补充等，保证虫害控制的技术手段落实到位，定期工作检查，并听取客户反馈。

5.3.7 邮件服务

邮件服务是指提供邮件和包裹收发、信函接收与下发、报刊征订与下发、文件管理和查询的服务。

（1）明确服务标准。包括邮件服务人员服务标准、邮件收发管理标准、邮件安全管理标准、邮件收费管理标准等。

（2）选择寄发形式。设置收发室的方式集中收取邮件，分拣查询邮寄到公司的邮件，对邮件进行分类，按照部门、个人、VIP 等类别服务，针对不同类别客户进行服务。

（3）建立服务流程。点对点进行邮件收发服务，核实收取邮件数量，通知收件人领取邮件，监管寄发邮件数量、重量，做好记录台账。

（4）开展投递服务。传递同城范围内各办公点之间的内部信函、物品，建立交接台账；各办公点之间公司内部信函、文件的投递、行政办公物品及零星物料等的传递服务。

5.3.8 专车服务

专车服务是指通过统筹安排司机、车辆、班车线路等业务活动，针对企业员工日常交通出行提供的专业化服务，包括商务用车、员工班车两个方面。

（1）进行需求分析。班车根据企业生产 / 办公场所的地理位置、员工数量、周边交通环境、公共交通资源确定是否提供班车服务。

（2）制定服务方案。根据车辆的资源需求确定车辆服务方案包括：专车购买 / 租赁的选择、专车服务是否外包、专车的规格和频次、专车的路线规划、专车的费用结算方式等。

（3）安排管理计划。制定商务用车、班车管理的规章制度，车辆调度计划；设计用车线路、停靠站点、用车时间；提交现场记录日报、提交费用月报。

（4）开展服务评估。定期工作检查，并听取客户反馈。

5.3.9 废弃物处理

废弃物处理是指对普通废物和有毒有害废弃物的识别、收集、转运、存放、专业化处理。

（1）明确要求和标准。理解服务合同的内容，包括合同范围、服务标准、绩效考核等。

（2）制定服务计划。编制现场废弃物种类的鉴定报告，优化危险废弃物的转运线路，记录危险废弃物的现场存放和外运，提交废弃物管理月报。

（3）制定管理方案。结合现场的作业环境和作业需求，设计收集危险废弃物的收集线路，配置防护用品，并接受危险废弃物处理的安全培训，处理废弃物和危险废弃物定点存放并记录，选择专业公司处理危险废弃物。

（4）开展服务评估。依据既定的废弃物收集和转运计划，定期安排服务人员提供专业服务，组织普通废弃物的分类和有毒有害废弃物的现场管理。

设施管理服务评价

设施管理服务评价是指设施管理部门为实现设施管理服务内容标准化的目标，全流程把控服务质量与关键绩效所制定的服务标准、评价体系和监管机制。

设施管理服务评价包括以下四个方面（图6-1）。

（1）服务范围定义。基于建筑物和设备特性、设施管理服务需求，界定设施管理服务范围，对设施管理服务的内容和界限进行识别和定义。

（2）服务标准建立。针对建筑物和设备的运营环境与属性、企业管理者需求等所建立的定性及定量的服务质量要求，包括服务水平协议及关键绩效指标的设置。

（3）服务监管与审核。根据服务范围及服务标准，通过对企业现有建筑物和设备的运营状况及设施管理服务进行评价，进而帮助企业识别运营状况，找出设施管理服务的缺陷，并实施绩效考核、客户满意度调查、体系有效性考核等相关监督活动。

（4）服务改进与优化。这是根据服务监管和审核的结果，以获得优异绩效为目的的服务改进过程。通过基准分析改进与优化目标，以最佳实践为牵引，通过不断学习与绩效改进，缩小与最佳实践的绩效差距，直至超越。

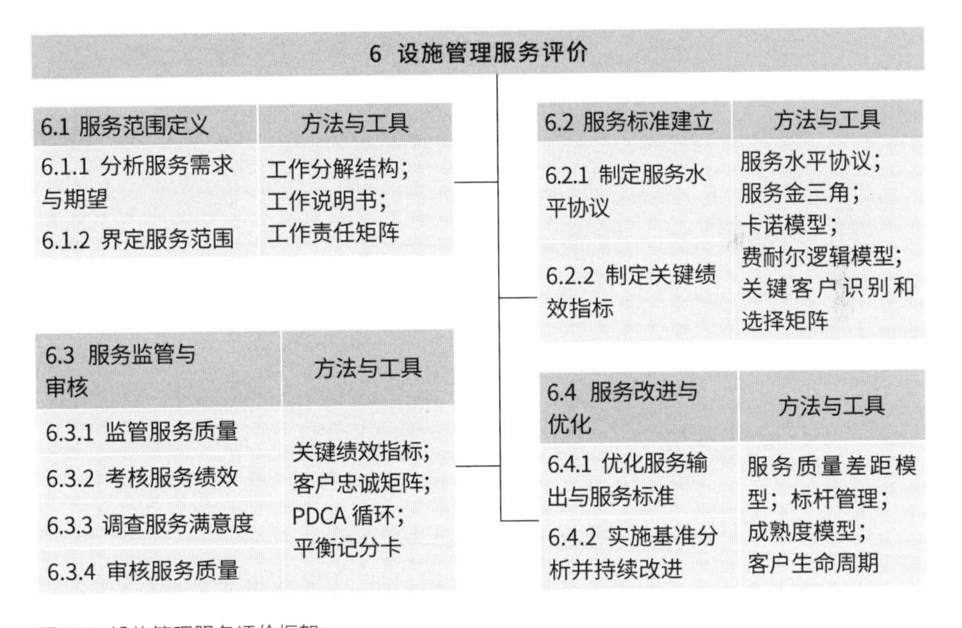

图6-1 设施管理服务评价框架

6.1 服务范围定义

6.1.1 分析服务需求与期望

对设施管理服务需求与期望的识别是定义设施管理服务的基础和条件。以当前建筑物和设备属性、组织架构、服务模式等内外部环境和企业经营活动信息资料、设施管理调研结果等作为参考依据，识别并分析企业对于设施管理服务的主要需求与期望，掌握企业当前的设施管理服务状况。

（1）定义服务需求与期望。对企业的需求及期望进行清晰明确的阐述，并且明确企业目标，保证服务定义的准确性和适用性。

（2）分析决策影响因素。识别关键机会与风险，确认设施管理服务决策将会给企业核心业务及其他非核心业务带来的影响，梳理各项影响因素。

6.1.2 界定服务范围

根据分析服务需求与期望过程中确认的主要可实现服务、假设条件和制约因素等编制服务说明书、服务责任矩阵等说明性文件，以确认设施管理服务范围。

（1）制定工作分解结构。在充分研究需求文件的基础上，将工作分解为具体、细致、可执行的单元，并以此为依据得到工作分解结构图。

（2）编制服务说明书。分析企业对服务期望的定性描述，并转化为对服务内容和范围的准确描述，形成服务说明书。

（3）形成服务矩阵。分析企业中不同类别的服务范围、服务类型的主要责任方及协作方（包括企业内部、外部服务供应商、用户等），形成服务项目矩阵和服务责任矩阵。

6.2 服务标准建立

6.2.1 制定服务水平协议

服务水平协议是一种让需求方和服务方就服务的范围和质量达成共识的机制。企业通过对服务水平协议指标进行考核和评价，以衡量服务的完成情况，保证服务的完成质量。

（1）明确编制过程。基于服务范围，企业将设施管理服务期望转化为正式的要求和目标，设立指标体系，输出指标临界值，对设施管理服务形成全面的考核标准，并与服务方进行有效沟通，使服务方理解并保障其资源能充分匹配，从而制定服务水平协议（SLA）。

（2）制定协议内容。服务水平协议的内容至少应包括考核对象、绩效目标、考核方法、考核标准、考核工具、指标权重等；同时最好确定输出的要求和限制，而不必对要完成的任务进行详细描述。

（3）明确指标设计要求。服务水平协议指标设计要求定义指标范围、评价标准、责任奖惩等，并能够精准和全面地覆盖各项服务。

6.2.2 制定关键绩效指标

关键绩效指标是用于沟通和评估设施管理服务绩效的标准体系。通过对关键绩效指标（Key Performance Indicator/Index，KPI）的设置、计算、分析，评价设施管理服务的输出质量，增强可控性并有效地简化管理流程，对设施管理服务方起到牵引和指导的作用。

（1）分析关键成功因素。分析企业的关键成功因素（Critical Success Factors，CSFs），确保管理层能够理解、测量及控制每个关键成功因素。

（2）明确指标设计要求。关键绩效指标应根据战略目标和关键成功因素设计，至少包括财务、员工服务、持续改进、合规性等指标。指标要求科学、合理、完整，在描述中尽量使用简洁的语言、清晰的概念、数量化的描述方式，真实反映设施管理的服务水平。

（3）建立指标考核体系。明确关键绩效指标考核体系，至少应包括指标名称、测评机构、测评依据、计算方法、绩效目标、考核频次等内容。

（4）选择指标测量方法。通过数理统计、抽样分析等方法实施服务绩效测量。为保证测量有效性，需重点关注服务水平的定义和描述，以及绩效测量尺度的审查和选择问题。

6.3 服务监管与审核

6.3.1 监管服务质量

根据服务水平协议，通过对服务相关数据进行记录，形成定量评价的基础数据（如巡检完成情况、工单完成率等），并对数据进行对比分析，保障建筑物和设备的平稳运行以及设施管理服务的正常输出。

（1）保障日常监管。通过日常表单、月度报表等形式保证设施管理常规服务的输出。

（2）保障重点监管。对于服务重点和风险点，通过建立日常检查表、实行服务质量抽查、建立定期汇报制度等方式，保障日常平稳运营。

6.3.2 考核服务绩效

应用服务水平协议和关键绩效指标构成的服务绩效考核表，对设施管理服务的关键指标进行检查，全面评价设施管理服务质量，输出考核报告，提供考核服务供应商的依据和决策支持手段。

（1）确立考核基准。确定评价基准，可以采用历史基准、行业基准、经验数据基准、计划基准等。

（2）选择考核方法。选择服务绩效考核方法，常用方法包括百分比率法、调控评分法、强制性标准对照法、加减分考核法、等级评价量表法等。

（3）设计考核层次。考核服务绩效可在企业战略层面、战术层面和运作层面上共同进行，也可仅在其中一个层面上进行。

6.3.3 调查服务满意度

在规定的时间段，通过访谈、问卷等形式进行服务满意度调查，对服务的整体满意度进行打分和评价，了解终端用户和管理层对于设施管理服务的满意程度和建议，为提升服务体验提供依据。

（1）策划调查方案。根据满意度调查的目的、性质和资金等条件，策划服务满意度调查的实施方案，确定责任部门，对信息收集方式、频次、分析、对策及跟踪验证等做出规定。

（2）设计调查内容。设施管理服务满意度主要包含设施管理硬性服务和软性服务两个方面，满意程度取决于用户所感知的设施管理服务水平与其所期望的服务水平的差距程度。

（3）选择调查对象。服务满意度调查对象应包含设施管理服务的终端用户，也应包含企业的管理层和利益相关方。

6.3.4 审核服务质量

以服务范围为界限，依据服务水平、质量管理体系、法律法规等要求和对服务的反馈，对设施管理服务质量进行审核。寻找设施管理服务存在的问题并提出改进方案，实现对设施管理服务的监督。

（1）确定审核范围。服务质量审核范围通常包括服务说明书（SOW）、服务标准（SLA）、流程合规性、费用准确性、履行规范性、验收真实性、法规遵从性等。

（2）组建审核机构。服务质量审核机构包括企业内部、认证机构、用户、政府等不同执行单位。

（3）选择审核方法。通过文件查阅、现场巡查、面谈访问等审核形式，发现现场存在的问题，挖掘问题根源并监督缺陷项整改。

（4）安排审核过程。服务质量审核过程应充分实践 PDCA 管理原则。审核前期充分沟通评估计划，了解关注重点；审核过程中及时了解服务实际情况，确保审核准确性；审核完成后对发现问题进行梳理分析，提出解决方案；整改期保障改进方案的落地性。

6.4 服务改进与优化

6.4.1 优化服务输出与服务标准

针对服务监管和审核过程中发现的问题和不足，落实设施管理服务缺陷的整改和质量的提高，并制定设施管理服务优化方案。

（1）优化服务方案。针对服务审核和满意度调查中发现的差距和不足，识别企业对于设施管理服务需求的变化，及时调查原因并有针对性地提出改进计划，优化设施管理服务方案。

（2）修改考核指标。根据绩效评价体系的执行情况及需求的变化，对服务水平协议和绩效考核指标进行更新，添加、删除或修改关键绩效指标的内容和权重，但需提前与设施管理服务供应商沟通确认。

6.4.2 实施基准分析并持续改进

基准分析（Benchmarking）是不断寻求最佳实践，并经过改造后在自身企业内实施以获得优异绩效的系统性、持续性的循环过程。

（1）制定基准分析维度。选择基准分析研究方法，常用设施管理基准分析包括成本、空间、人员、建筑物及设备等维度。

（2）获取最佳实践数据。按照公认度、代表性、借鉴性等原则选取最佳实践作为基准分析参照，通过调研或询问获取基准数据及企业内部数据。

（3）对标最佳实践。以最佳实践为牵引，确定企业成功的关键领域，通过不断的学习与绩效改进，缩小与最佳实践的距离，直至超越。

7 环境健康安全与可持续管理

环境、健康和安全（Environment Health and Safety，EHS）管理是一种通过事前预防和持续改进，采取有效的防范手段和控制措施，防止企业房地产与设施管理过程中的各项事故，减少可能引起的人身伤害、财产损失和环境污染的过程；能源管理和绿色建筑追求减少能耗、节约用水、减少污染、保护生态环境，其目的在于保障用户健康，提高企业生产率。

环境健康和安全与可持续管理包括以下四个方面（图 7-1）。

（1）环境管理。依据国家的环境政策、法律法规和其他标准，运用各种科学的管理手段，协调企业经营活动和环境保护之间的关系，保护环境进而保护人们自身，实现可持续发展。

（2）职业健康安全与管理。职业健康安全与管理包括针对影响或可能影响工作场所内人员健康安全的条件和因素进行识别、分析、控制的一系列活动。

（3） 建筑能源管理。建筑能源管理是针对建筑物和设备中能源的输入、传输、分配、转换和消耗等全过程进行科学计划、控制和监督工作的总称。

（4）绿色建筑管理。绿色建筑管理指在建筑规划设计、施工和运营的全生命周期内，最大限度地节约资源，保护环境和减少污染，为人们提供健康、舒适和高效的使用空间，与自然和谐共生的建筑物。

7.1 环境管理

7.1.1 识别和评价环境因素

环境因素是指企业的活动、产品或服务中与环境发生相互作用的要素。通过识别和评价对环境可能或已造成影响的环境因素，确定重要环境因素，作为持续改善及策划环境管理体系的依据。

（1）识别环境因素。基于企业结构与业务范围，理出各部门承担的工作职责，确定职责履行所涉及的每项活动、产品或服务。可以考虑不同类型、时态和方面的环境影响，选择过程分析法、物料衡算法、专家咨询法、现场观察等环境因素识别的常用方法。针对识别出对应的环境因素，编制环境因素清单。

（2）评价环境因素。基于识别出的环境因素清单，按照环境相关法律法规要

7 环境健康安全与可持续管理

7.1 环境管理	方法与工具
7.1.1 识别和评价环境因素	环境审计； 生命周期评估； 过程分析法； 物料衡算法； 多因子评分法； 是非判断法； 使用后评价
7.1.2 建立环境管理体系	
7.1.3 评价环境合规性	

7.2 职业健康与安全管理	方法与工具
7.2.1 建立职业健康与安全管理方针和目标	事故树分析法； 安全检查表； 危险与可操作性分析； 故障假设分析； 失效模式与影响分析； 主逻辑图； 功能事件顺序图
7.2.2 建立职业健康与安全管理组织	
7.2.3 分析职业健康与安全危害	
7.2.4 控制职业健康与安全危害	
7.2.5 评价职业健康安全管理绩效	

7.3 建筑能源管理	方法与工具
7.3.1 组织能源评审	合同能源管理； 能源网络图； 能源流向图； 能源平衡表； 能源矩阵； 节能检查表法
7.3.2 策划能源管理体系	
7.3.3 计量与监测能源管理绩效	
7.3.4 评价能源管理合规性	

7.4 绿色建筑管理	方法与工具
7.4.1 绿色建筑规划设计	建筑信息模型； 生态足迹； 能值分析； 生态系统理论； 条件价值法
7.4.2 绿色建筑施工	
7.4.3 绿色建筑运营	

图 7-1 环境健康安全与可持续管理框架

求，设立环境影响数量、频度、时间、后果等量化指标，使用是非判断法（True-false Judgement Method）或多因子评分法（Multi-factor Scoring Method）等识别出重要环境因素。分析重要环境因素的风险，确认重要环境因素将会给企业人员及经营业务带来的影响。

（3）更新环境因素。当有下述情况发生时，须及时对环境因素进行更新：①有新设备、新材料和新业务导入时；②法律及标准有修订或更新时；③环境相关方（包括顾客、供应商、政府有关部门等）有合理的建议或要求时。

7.1.2 建立环境管理体系

企业通过建立环境管理体系来达到支持环境保护、预防污染和持续改进的目标，并通过取得第三方认证机构认证的形式，向外界证明其环境管理体系的符合性和环境管理水平。

（1）确立目标和指标。目标和指标应具有可测量性，应符合环境方针，应考虑法律法规和其他要求，以及重要环境因素，并适当考虑可选的技术方案、财务、运营要求。

（2）建立组织架构。设立常态和应急的环境管理组织架构。明确企业环境管理相关的机构设置、职责权限、人员编制，以及资金预算、人力资源、专项技能、技术资源等制度安排。

（3）制定环境方案。依据企业确定的环境目标和指标制定环境方案，其内容应该包括：规定有关环境管理部门的职责、方案实施的方法、方案开展的时间安排、方案开展的进度计划、资金来源落实情况以及与方案有关的其他内容。

（4）实施环境控制。严格要求企业相关人员依规定的流程和方式作业。对于重要环境因素，通过重大环境风险日常检查，实行常规环境风险抽查，建立定期汇报制度等方式，尽量避免异常或紧急情况。规避环境风险，减小或消除重大环境影响。

（5）制定应急预案。针对涉及紧急突发情况的环境因素，制定相应的应急预案。定期实施应急预案预演，提高企业人员素质，提高应对突发情况的处置能力。

（6）组织环境教育。企业应积极提供、鼓励和支持环境管理与可持续发展方面的培训、认知和教育，提高和更新企业员工环境管理相关的能力与意识。

7.1.3 评价环境合规性

评价环境合规性是在企业环境管控活动中，由体系主要管控人员针对重要环境因素或危险源管控是否符合法规、标准、相关方要求等方面开展的一项评审活动。

（1）制定控制程序及文件。企业制定并执行环境法律法规和其他要求控制程序或相对应的程序文件，建立获得最新的相关法律、法规和其他要求的渠道，确保企业经营过程中所有活动符合法律、法规和其他要求。

（2）明确评价依据。包括国际环境管理体系，国家与环境有关的法律、法规，指定的有关环境的法规、规章及其他文件等，行业或内控环保标准，产品出口国相关的法律、法规等。

（3）分析法律法规条款。在所遵守的法律法规中识别出适合本企业的相关条款进行分析，最后验证企业的生产活动是否符合各项法律法规。

（4）确定重点评价内容。环境合规性评价的重点内容包括：重要环境因素管控的合规性评价，运行过程相关环境因素管控的合规性评价，产品相关环境因素管控的合规性评价，交付、服务过程环境因素管控的合规性评价等。

7.2 职业健康与安全管理

7.2.1 建立职业健康与安全管理方针和目标

企业最高管理者应与各层次的员工协商后，建立、实施并保持职业健康安全方针和目标。

（1）确定工作相关承诺。提供职业健康与安全的工作条件以预防与工作相关的伤害和健康损害的承诺，并适合于所处的环境。

（2）确定合规性承诺。满足适用的法律法规要求和其他要求的承诺；持续改进职业健康安全管理体系以提高职业健康安全绩效的承诺。

（3）建立目标体系。企业应针对相关职能和层次建立职业健康与安全目标，以保持和改进职业健康安全管理体系。职业健康安全目标包括：职业健康安全风险和职业健康安全机遇，以及其他风险和机遇的评价结果。

7.2.2 建立职业健康与安全管理组织

为保证企业员工生命安全，保护其身心健康及相关权益，保障企业可持续发展，应明确职业健康安全管理组织安排。

（1）确立最高管理者责任。企业最高管理者承担职业健康安全最终责任，确保为企业提供职业健康安全管理必要的资源。此外，最高管理层中应至少有一名成员承担特定的职业健康安全职责，确保建立、实施、维护职业健康安全体系，并定期向最高管理者报告。

（2）教育和培训组织成员。通过教育和培训，确保成员了解其工作活动可能产生的职业健康安全影响，并提高员工危险源辨识、风险评价和控制的意识和能力。

（3）制定沟通规则和方式。建立程序明确组织内沟通、与承包方和外部访客沟通、与其他外部相关方沟通的规则和方式。

7.2.3 分析职业健康与安全危害

事前以及定期对工作任务或流程进行职业健康安全危害分析，可以以最低的成本最大限度地控制工作中的健康与安全危害。

（1）识别危害因素。采用安全检查表、危险及可操作性分析、事故树等方法识别工作场所职业健康与安全危害，主要包括人（生理因素、心理因素、行为因素等）、物（物理因素、化学因素、生物因素等）、环境（工作环境不良等）和管理（组织机构不健全、规章制度不完善等）可能造成的危害。

（2）评价危害程度。评估危害发生的可能性、暴露于危险环境的频率、危害后果，以确定职业健康与安全危害程度，并对危害程度进行分类定级。

7.2.4 控制职业健康与安全危害

职业健康与安全危害等级越高，越需要重视安全控制措施，努力改变发生事故的可能性、减少人体暴露于危险环境中的频繁程度、减轻可能产生的事故损失，直至调整到允许范围内。危害控制的基本原则是消除能量的散逸，使承受因素不与破坏因素相接触。

（1）制定危害控制措施。对能够完全消除的危害，彻底排除隐患；对不能完全消除的危害，采取个体保护、工程技术、管理方案等措施尽可能降低危害发生的可能性。

（2）设立变更程序。建立一个控制职业健康与安全绩效、有计划的变更程序，包括：工作过程、程序、设备或组织结构的变更，法律法规要求和其他要求的变更，有关危险源和相关的职业健康与安全风险的知识或信息的变更。

（3）处理应急事件。识别并分析对企业员工职业健康与安全存在重大影响的应急事件，包括自然灾害、事故灾难、公共卫生事件、安全事件等，编制应急预案，明确应急响应组织、流程、利益相关方等，并定期对应急准备和响应程序进行测试、评审和修订。

（4）开展事故调查。查明职业健康与安全事故原因、经济损失和人员伤亡情况，从而确定事故责任者，形成事故报告，提出对事故的处理意见和相关的防范措施及建议。

7.2.5 评价职业健康安全管理绩效

为预防企业运行过程中可能发生的各种事故，减少或控制可能引起的人身伤害和财产损失，需要及时监测与评审职业健康安全管理方针、目标、管理方案的完成情况，并采取检查与纠正措施。

（1）组织合规性评价。及时识别和获取法律法规和其他职业健康与安全要求，对企业遵守职业健康、安全生产、劳动防护、饮食卫生、消防、危险化学品等法律法规情况进行定期评价，形成并保存评价结果的记录。

（2）开展内部审核。按照计划时间间隔对职业健康与安全管理体系策划是否合理、是否正确实施和保持、是否满足企业方针和目标进行审核，对审核结果进行记录和报告。

（3）测量管理绩效。持续监测企业职业健康安全目标满足程度、危害控制措施有效性等管理绩效，并进行测量数据和结果的记录。

7.3 建筑能源管理

7.3.1 组织能源评审

能源评审是企业依据国家有关的节能法规和标准，对建筑能源利用与能源管理状况进行分析评价、编制能源评审报告的过程，是企业建立能源管理体系的基础。

（1）评审能源管理状况。依据国家能源管理标准，全面梳理企业建筑物和设备能源管理状况，调整完善不规范、不合理及存在缺漏的管理环节，包括评审管理职责、能源方针、资源管理、能力与意识、文件记录、信息交流、运行控制、合规性评价、能源绩效参数、能源管理实施方案、能源基准目标和指标、计量与监测等方面。

（2）评审能源利用状况。根据标准条例要求，收集核算建筑能耗基础数据，开展能源平衡分析，确定主要能源使用，总结能源利用现状，分析能源使用及相关影响因素的能效现状，确定建筑能源效率改进机会并排序。

（3）编制能源评审报告。根据评审过程和结果编制能源评审报告，报告包括建筑物基本情况、法律法规及相关要求、能源管理现状、存在问题及改进意见、能源消耗现状、主要能源使用及影响因素，能源绩效改革及其排序。报告编制完成后组织企业房地产与设施管理相关部门征求意见并补充完善，经审核确认后，报企业最高管理者审阅。

7.3.2 策划能源管理体系

能源管理体系策划要求：识别和评价能源使用及主要能源使用，识别评价和落实法律法规、标准及其他要求，识别确定能源绩效参数，确定能源基准，建立能源目标、指标。

（1）建立能源方针。能源方针是能源管理的总指导思想和行为准则。制定能源方针要获取初始能源评审结果、企业战略规划、其他管理体系方针、优先控制的能源因素、股东员工观点、上级组织能源方针等，由企业员工提出建议草案，再经领导者完善或直接由最高管理层制定。

（2）建立能源目标、指标。依据能源方针，相关法律法规要求和其他管理体系等要求，自下而上或自上而下地确定建筑能源目标，从整体能源利用水平、主要环节流程的指标、用能设备的能源效率水平三个方面综合制定能源指标，量化能源绩效参数。

（3）建立能源基准和标杆。对建筑运行数据进行核查分析，选择适用的能源消耗数据，根据相关标准、技术规范计算出反映正常生产的历史数据指标，结合前期制定的能源绩效参数和指标体系框架确定能源基准，按照已经确定的能源绩效参数去寻找能源标杆，通过与能源标杆对比，寻找与优秀企业的差距，分析原因。

（4）制定能源管理方案。针对所确定的对象，分析需要优先控制的能源因素及相关的环节。根据企业能源管理现状和目标要求，结合现有的财力、技术能力和生产实际情况，提出不同的管理方案，分别说明具体的技术措施和方法，对方案进行可行性评价，明确方案所需要的资源、时间安排、职能分工，并确定优化方案。

7.3.3 计量与监测能源管理绩效

通过建立建筑能源计量体系，并对建筑能源供应、转换、传输分配和消费情况进行检测，计量与监测能源管理绩效。

（1）确定能源计量点。能量计量点是指用能单位从能源输入、转换、输送分配、终端消费、余热余能回收利用的全过程中，需要在各个环节测量各种物理量和化学量的测量控制点。

（2）配置能源计量器具。能源计量器具应满足国家基本要求以及企业能源分类计量和分项考核的要求。

（3）编制能源流向图。根据建筑特色、能耗程度、企业特点以及经营管理等需要，将设定在各个环节的能源计量点，科学合理地编制成网络图，清晰表明能源输入输出全过程的能源测量点位置和计量器具配置。

（4）分析与利用采集数据。通过能源计量器具对数据进行采集，审查、计算、汇总采集而来的能源数据与量差处理，计算总表与分表量值之和的量差处理，异常数据重点复查寻找原因，发现建筑能源管理中的不合理与浪费现象。

7.3.4 评价能源管理合规性

合规性评价是企业对照法律法规和其他要求，评价其能源利用过程的符合性，以及识别、评价上述法律法规和其他要求在能源管理工作中是否得到有效落实的过程，是企业进行自我改进的一种管理措施。

（1）选择人员并明确职责。选择熟悉建筑能源管理情况、有丰富实战经验，并熟悉国家法律法规体系的专业人才，对选定的人才进行分工，并明确相关人员的职责。

（2）选择法律、法规和标准。选定适合建筑能源合规性评价的法律法规和标准，根据具体评价的部门识别出法律法规的具体条款，并制定合规性评价检查表。

（3）形成合规性评价记录。根据选定的法律法规和标准的具体条款和合规性评价检查表进行合规性评价，记录评价中发生的情况，记录表上报管理者审阅后归档保存。

7.4 绿色建筑管理

7.4.1 绿色建筑规划设计

绿色建筑规划设计是以生态系统和谐与可持续发展为目标，秉承节能环保和健康高效的绿色理念进行节地、节能、节水、节材设计，以实现人与自然和谐相处、环境舒适的规划设计方法。

（1）强调整体设计理念。注重自然与社会之间的和谐，结合建筑物当地文化、历史、经济、地形、地势等各方面因素进行可行性分析，合理规划建筑选址、区域划分、空间布局和资源配置，以达到整体统一与环境优化。

（2）发挥专业设计优势。通过绿色建筑体型系数控制建筑热耗；结合自然采光、自然通风等被动式技术进行绿色建筑空间布局设计；提高绿色建筑结构、设备等的灵活可变性，以提高其适应性和改造性；利用节能技术，提高能源效率，同时加大对风能、太阳能、地热能、生物质能等清洁能源的利用。

（3）满足环境和体验需求。坚持“以人为本”的设计理念，注重绿色建筑的实用性和适应性，通过保证适宜的温度和湿度、健康的视觉和听觉环境、良好的通风和采光，结合智能化系统的设计运用，来满足使用者对工作环境和体验的需求，增强使用者对健康和舒适的感知度。

7.4.2 绿色建筑施工

绿色建筑施工是指在保证质量、进度、安全等基本要求的前提下，通过科学管理和技术进步，最大限度地节约资源，减少对环境负面影响的建筑工程施工活动。

（1）选用建筑材料。选择对人体无害、环境负荷小、具有耐久性的建筑材料，并尽可能就地取材，加大旧建筑材料的回收利用，充分利用可再生材料。

（2）制定管理体系。根据绿色施工管理目标，建立绿色施工管理体系和信息管理系统，编写绿色施工方案，在此基础上进行动态管理与评价反馈。

（3）落实环境保护。利用一系列先进技术措施进行施工过程中的环境保护，进行扬尘控制、噪声控制、光污染控制、水污染控制、土壤保护、建筑垃圾分类处理等。

（4）节约利用资源。包括节约利用水资源、能源和施工用地等。加强非传统水源利用，提高用水效率；利用节能设施设备、节能措施和可再生能源利用技术提高能源使用效率，强化人员节能意识；合理规划施工场地，减少土方开挖和回填量，保护周边自然生态环境。

7.4.3 绿色建筑运营

绿色建筑运营是指在保证建筑运营服务质量基本要求的前提下，依据“四节一环保”的理念，采取先进、适用的管理手段和技术措施，最大限度地节约资源和保护环境，实现绿色建筑预期目标和可持续发展。

（1）确立运营方案。通过分析绿色建筑类型，构建合理的运营管理组织结构，培养专业运营团队，确定管理目标和范围，编制绿色运营方案，进行运行监测与持续改进，实现绿色建筑高效运营。

（2）落实技术保障。针对绿色建筑运营管理特殊要求，制定节能、节地、节水、节材、保护环境等措施；落实设备、监控、预警等技术解决方案，如增加雨水回用、太阳能热水、分项计量等绿色技术服务内容。

（3）引导用户行为。确立绿色建筑为使用者服务的理念，将使用者感受、行为模式纳入运营管理考虑范围之内。通过宣传、激励等手段，积极引导企业员工参与绿色建筑运营管理，制定灵活的运营管理引导方案，实现用户自治。

（4）开展体系认证。积极开展绿色建筑运行标识评价工作，以及相关环境管理体系、质量管理体系、能源管理体系认证工作，提升绿色建筑运营管理水平。

业务持续管理

业务持续管理是识别企业运行的潜在风险，分析这些风险一旦发生可能对企业运行带来的影响，制定风险预防、控制和恢复措施并执行相应措施，并定期回顾业务运行风险，以保障企业业务正常运行的管理活动。

业务持续管理包括以下四个方面（图 8-1）。

（1）人员组织与职责。针对企业的业务运行风险和可能出现的异常或紧急情况，建立业务持续管理团队，进行业务持续运营的管理、异常或紧急情况的响应，以及明确团队各成员在业务持续运营管理和响应中的职责、沟通机制和响应行动。

（2）业务风险分析与评估。识别、分析和评估影响企业业务运行风险的性质、风险作用的机制和途径、异常或紧急情况发生的概率、可能造成的损失、风险暴露的频次。

（3）业务持续管理计划。优先考虑基本服务，制定风险的预防、控制和恢复措施及执行机制，并在发生业务异常或事件时协调和实施服务策略连续性的管理计划。

（4）业务持续管理演练与评审。根据业务持续管理计划，对团队成员进行持续性的培训、演示和练习，对计划进行定期验证、评审和改善，并对整套业务持续运行管理状态进行定期评审，以确定组织和资源保障、持续管理计划、业务风险分析是否适当、充足及有效，进而对业务持续运行管理进行改善以便满足持续性的需求。

8.1 人员组织与职责

8.1.1 成立业务持续管理组织

为了保障业务的持续运行，业务持续管理需要企业高层的组织和参与，提供相关资源。根据企业业务运行的需求、设施管理部门工作管理结构、业务持续运行的管理机制和业务运行的风险管理需求，成立业务持续管理团队。

（1）确定需求和期望。识别企业及相关方的业务持续运行需求和期望，并基于此确定业务持续运行的要求。企业及相关方通常包括客户及其员工、本企业及其员工、供应商及其员工、访问方及其员工、媒体、竞争对手、政府、保险公司、周边居民等对企业的业务运行有影响的团体或个人，或可能被企业的持续业务运行影响的相关方等。

（2）确定组织结构。根据企业及相关方的业务持续运行管理的需求，可分别设立业务正常运行的预防保障模式和业务异常或紧急事件模式下的业务持续管理响

8 业务持续管理

8.1 人员组织与职责	方法与工具
8.1.1 成立业务持续管理组织	组织结构模型； 工作分解结构； 工作责任矩阵； 权力利益矩阵
8.1.2 明确组织成员和相关方的职责	
8.1.3 确定沟通机制	

8.2 业务风险分析与评估	方法与工具
8.2.1 策划风险分析与评估	风险矩阵分析； 5W2H 分析； 失效模式与影响分析； 过程分析法； 蒙特卡洛法； 情景分析法； 动态贝叶斯网络； 社会网络分析
8.2.2 识别并评估潜在风险	
8.2.3 确定关键业务流程及其中断影响	
8.2.4 评估业务风险等级并制定预防措施	
8.2.5 确定业务功能恢复的优先顺序	

8.3 业务持续管理计划	方法与工具
8.3.1 编制事件管理计划	过程决策程序图法； SIPOC 模型； 6R 模型； PDCA 循环
8.3.2 业务持续计划	
8.3.3 业务活动恢复计划	

8.4 业务持续管理演练与评审	方法与工具
8.4.1 开展业务持续管理演练	敏感性训练； 情景规划； 桌面演练； 指挥部演练； 标杆管理
8.4.2 维护业务持续管理方案	
8.4.3 实施业务持续管理评审	

图 8-1 业务持续管理框架

应组织。前者与企业日常管理组织结构相似，后者按照业务类型、功能职责、属地管辖原则设立区域性功能性处置指挥机构。

（3）确定组织层次。明确业务持续管理组织层次关系、机构运行机制、决策顺序和方式。该组织通常由工作组、协调者、行动小组三个层次构成。

8.1.2 明确组织成员和相关方的职责

业务持续管理组织最高管理者应在组织内部分配各成员和业务持续管理中相关方的职责和权限，工作组、协调者、行动小组根据职责担任对应的角色，履行相应的职责。

（1）设立工作组。建立业务持续管理工作组，由高级管理层以及关键部门负责人组成，其职责至少包括：建立业务持续运行的管理组织、明确组织的任务、制定业务持续运行管理机制、建立响应机制、进行决策、组织与协调资源、监督事件处理过程和结果、与利益相关方保持联络等。

（2）确定协调者。由工作组确定业务持续管理协调者，进行工作组和行动小组间必要的协调和沟通，其职责至少包括：按照工作组的授权或既定的机制启动应急响应；识别事件并提供控制措施建议；管理和协调事件处理活动，按照确定的响应机制实施处置的组织和协调；跟进并定期报告处置情况；组织和协调供应商和承包商按照响应机制参与处置。

（3）建立行动小组。建立业务持续管理行动小组，包括事件响应处置小组，按照业务持续管理计划和应急处置响应机制进行事件应急响应工作；业务持续小组，按照业务持续计划进行保障预防和异常或紧急情况下的业务恢复工作，如正常业务的过程管理和保障、人员恢复、设施恢复、通信恢复、信息系统恢复等；支援小组负责进行业务持续性的支援、保障和维护，如设施系统的运行管理。

8.1.3 确定沟通机制

根据业务持续管理组织及其职责，确定信息传递顺序、沟通方式及更新机制。在异常或紧急情况下，常用通信方式可能受干扰或中断。因此，保证组织内部和外部沟通的及时性、准确性和全面性，避免信息的缺失、错误的理解、不当的执行等更为重要。

（1）建立沟通机制。业务持续管理的沟通机制分为两种。一种是业务持续运行、不出现异常情况下组织内部成员和相关方的沟通机制，它是日常运行沟通的一部分；另一种是异常或紧急情况发生时的组织内部和外部的沟通机制。

（2）识别信息传递需求。确定与业务持续管理相关的内部和外部信息沟通需求，包括沟通的内容、时机、对象、方式等。确定紧急事件响应顺序，绘制信息流图。

（3）登记联系人信息。根据信息沟通的需求，收集、建立和登记组织内部的所有相关方和组织外部的相关方的联系信息，联系信息应当至少包括联系人或组织的正常工作时间和非工作时间的联系方式和联系人，包含邮箱、手机号、固定电话等信息，并且确保每一名联系人都有明确的候补联系人。

（4）选择沟通方式。根据信息沟通的需求、联系人信息和组织的沟通机制，选择或配置沟通方式和工具，包括内部沟通和外部沟通的方式和工具，确保发生紧急事件时沟通渠道（或正常通信中断情况下的备用沟通手段）的可用性，并注意收集、存档和回应来自相关方的反馈。

8.2 业务风险分析与评估

8.2.1 策划风险分析与评估

为充分、全面和高效地进行风险分析，最高管理者需要组织和协调持续管理组织的成员和相关方，明确企业风险分析和评估的方式、方法和工具，调配相关资源，进行风险分析和评估的策划和组织。

（1）建立风险分析团队。最高管理者应当为开展风险分析配置了解业务运行管理方式、具备业务运行管理专业知识或技能的人员，组成风险分析团队，明确分工和职责。

（2）确认风险分析方法和工具。根据风险分析团队组成和职责、业务类型和运转方式确认风险分析的方法和工具，如5M（人、机、料、法、环）检查法、安全检查表、风险矩阵等，确保业务运行风险分析的全面性和适宜性。

（3）收集和整理业务信息。建立业务收集表，组织和指导各个业务模块和区域的人员提供业务信息。业务信息应当包括：业务名称、业务运行方式、业务负责人、业务运行所在地点名称、使用的工具、人员要求等。对每项业务按照业务性质和逻辑关系进行分解细化，并分类、整理、归纳。

8.2.2 识别并评估潜在风险

为充分识别企业内部及其所处的外部环境，消除或减轻风险事件影响，维护业务持续运行和响应计划，需要对企业业务的内部和外部运行风险及各种外部不利因素和作用的方式进行评估。

（1）进行业务风险分类。企业的业务风险可分为内部和外部两大类。常见的内部风险有建筑物损伤、设备故障、火灾、爆炸、机密信息外泄、重要管理人员缺失、管理机制缺失或不适宜、错误的业务管理、错误的操作、能力不足等；外部风险有电力中断、恐怖袭击、自然灾害（台风、水灾、地震）、金融风暴、竞争对手恶意攻击、法律法规的变更等。

（2）识别风险因素。采用法律法规识别、内部和外部环境因素调查检查、管理文件和记录性分析、事故事件分析、隐患识别检查记录、相关方面访谈以及现场检查等途径，尽可能全面地识别并列出所有潜在的内外部危险源及风险，并归类分析其性质、产生原因和条件。

（3）评估风险大小。对识别出的风险进一步分析量化，估算各个特定风险的发生的概率、风险暴露的频率、以及对人员和财产可能造成的损伤，进而确定风险的量化值，形成风险等级。

8.2.3 确定关键业务流程及其中断影响

为提高企业在业务持续运行及异常或紧急事件中的预防和迅速恢复的能力，合理确定业务重要性、优先级和事件发生后的恢复优先顺序，需要分析企业活动和业务中断可能造成的影响和途径。

（1）区分关键业务流程。区分企业关键业务流程与非关键业务流程，其中关键业务流程是需要优先配置资源进行预防管理，避免或减少业务运营的异常，或在尽可能短的时间内恢复业务的流程。

（2）确定关键业务中断影响。分别确定关键业务异常或中断后随时间推移造成的定性和定量影响。定量影响包括收益减少量、资本支出增加量、人员或财产损伤等，定性影响包括市场份额减少、公共信心减少等。

（3）评估恢复时间参数。对识别出的每项关键业务确定其最短恢复的时间（MRT）、最大可容忍中断时间（MTPD）、恢复时间目标（RTO）、恢复点目标（RPO）等重要的流程中断恢复时间参数。

8.2.4 评估业务风险等级并制定预防措施

为保护关键业务流程及其所依赖的流程和资源，减轻、响应和管理业务影响，企业应当根据业务影响分析和风险评估的输出结果确定和选择业务持续策略。

（1）确定风险定级。根据风险评估结果及关键业务中断影响，将业务风险分为极高、重大、一般、较低和极低等不同等级。

（2）采取风控策略。对不同风险等级，制定风险控制策略。总体上企业可采取的策略可分为不作为、消除、替代、工程控制、行政管理、警示、防护、自动化、连锁、暂停或终止、业务持续及风险减轻等类型。

（3）提出预防措施。对需要处理的已识别风险，制定并采取主动措施以减少或消除关键业务中断的可能性、缩短中断时间或限制中断对企业关键业务（产品或服务）的影响。

8.2.5 确定业务功能恢复的优先顺序

为确保尽快恢复关键业务，在明确业务持续策略、关键业务流程中断影响及恢复目标基础上评估各项关键业务的资源需求和恢复优先顺序。

(1)识别资源需求。识别支持各项关键业务的关键资源,至少包括对设施、人员、技术、方法、资金、软件、信息和数据、环境、管理机制和外部支持等十类资源需求的识别和评估。

(2)进行优先排序。根据业务运行的需求、业务的收益或损失、人员组织和配置、设施管理目标、中断恢复时间参数、资源需求情况等对全部关键业务流程恢复进行优先级排序。

8.3 业务持续管理计划

8.3.1 编制事件管理计划

为确保所有业务运行中的所有客户和相关方及其人员、财物、环境、健康、消防、业务运行连续性的安全，将损失降到最低，制定事件管理计划（Incident Management Plan，IMP），对所有威胁业务和设施运营的风险提供行动计划和指导，使企业在事件发生后及时做出反应，并采取计划的应对措施；在事件发生后及时应对外部环境问题以及利益相关方所关切的问题。

（1）确定计划内容。事件管理计划内容至少包括目的和范围、角色和责任、文件编制者和维护人员、调用 / 动员程序、行动计划、人员响应、媒体响应、利益相关者管理、汇合地点（指挥中心）等。

（2）落实角色和责任。事件管理计划应当注意明确拥有一定权利（决策权或动用某项资源的权利）的人员或团队在事件期间和事件发生后应扮演的角色和应担负的责任，并规定何人在何种情况下负责启用该计划。

（3）分析战略层面危机。事件管理计划应详细描述企业高级管理层如何在战略层面管理危机给企业造成的影响，这些影响可能并不完全包含在业务持续计划的范围之内，即其处理的危机事件并不一定会造成业务中断。

（4）获取高层支持。事件管理计划需获取高级管理层的支持，并确保有足够的预算以支持事件管理计划的制定、维护和演练。

8.3.2 业务持续计划

为了预防和处理企业的业务中断，保障业务持续运行或使企业业务发生异常后尽可能快地恢复到事件发生之前的水平，须制定业务持续计划（Business Continuity Plan，BCP）。该计划包含业务持续保障和异常处置计划。

（1）明确计划依据。业务持续计划应根据企业的业务持续战略来制定，详细界定企业与外部各方的管理流程、工作界面和处理原则。

（2）设计计划内容。业务持续计划内容至少应包括目的、范围、角色和责任、计划编制者、计划的维护人员、调用 / 动员程序、组织架构、行动计划、行动的风险、资源需求、人员职责和责任、注意事项、其他重要信息等。

（3）考虑其他安排。如有必要，业务持续还应包括与外部机构的接口，以及企业内部各业务持续运行小组、事件管理小组、信息沟通小组、支援和恢复小组之间的接口；应对事态升级或诱发事件的职责和程序；事件发生后的响应责任人等。

8.3.3 业务活动恢复计划

在总体业务持续计划的指导下，业务活动恢复计划（Activity Resumption Plan，ARP）系统化安排异常和应急处置的工作组、协调者、行动组以及各设施业务恢复小组的响应活动，以应对业务运行中断的情况。

（1）明确计划方法。通过访谈（结构化和非结构化）、业务影响分析和资源需求分析、检查表、计划模板、头脑风暴、风险分析、研讨会、演练和评审等编制业务活动恢复计划，安排恢复现有服务或提供备用场所和设施。

（2）安排计划内容。业务活动恢复计划可能包括的内容有：损害限制与设施抢救计划、雇员救济计划、业务单元恢复计划、业务恢复计划等。

（3）落实部门计划。业务活动恢复计划包括具体部门或业务单位对事件的响应活动，如企业房地产与设施管理部门应对特定事件影响所制定的计划、信息技术部门为恢复信息服务及相关业务所制定的计划、人力资源部门应对人员救济问题所制定的计划等。

8.4 业务持续管理演练与评审

8.4.1 开展业务持续管理演练

为验证业务持续计划的有效性，合理评估企业业务持续运行能力并识别改进机会，需要通过培训、练习、模拟演示、评估、会议、总结、改进等手段，提高企业业务持续运行管理能力和紧急事件管理能力。

（1）确定演练方式。在业务持续计划存续的全生命周期通过员工和相关方培训、业务持续管理团队培训、执行和高级管理层培训、管理演示和练习、会议和评估，提高企业的业务正常持续运行的管理能力和事件应急意识和能力。

（2）选择演练策略。根据演练目的、参与人员、投入等资源制定业务持续演练策略，包括桌面演练、模拟演示功能演练、全面模拟演练、实际操作演练等，复杂度逐步提高，更加贴近实际情况，建议频率逐步降低。

（3）完成演练评价。根据制定的评价准则并收集演练阶段的各种信息，由专职评价人员或演练人员等管理或观摩或参与人员对演练过程和结果进行评价；可选择的评价准则有完成度、清晰度、有效性、可执行性、适宜度、可操作变更度等。

8.4.2 维护业务持续管理方案

为了持续提升业务持续管理计划全面性，确保方案持续有效、适用且不随时间推移而失效，需要对业务持续方案进行定期修正并更新，进行维护管理。

(1)制定维护频率。业务持续管理方案维护频率的确定取决于企业业务的性质、规模、节奏和变更需求。当业务流程、地点或技术出现重大变革，或业务持续管理演练、测试过后发现较大缺陷，或依据业务持续管理评审对方案评估改进过后，或根据业务持续计划中所规定的维护时间表的要求，企业应对方案进行维护。

(2) 安排维护内容。业务持续管理方案维护内容包括: 审查企业内部业务流程、所用技术及人员等方面的变化，审查对企业运行环境所做的假设，审查紧急情况下企业所需的外部服务是否能及时且充分的获得，审查业务持续安排中有迫切时限的供应商是否仍然满足要求，审查是否需要对相关人员进行培训、宣传或沟通等。

(3) 总结维护成果。业务持续管理方案维护成果至少包括一份正式的业务持续文件与维护报告，由高级管理层同意并签署。通过正式的版本变更控制流程，向企业中关键人员分发更新或修改后的业务持续管理政策、战略、方案、进程和计划。

8.4.3 实施业务持续管理评审

为确定计划是否适当、充足及有效，进而满足企业业务持续性的需求，高级管理层应对整套业务持续管理方案进行评审。

(1) 开展审计。业务持续管理审计有合规性审计、尽职调查审计、实物检测检验审计、项目审计等不同类型。可以安排企业内部具备能力的专业人员或邀请外部审计人员参加，通过方案和文件检查、现场检查和沟通问询等方式了解企业的管理不足或不合规项，最终形成审计报告；审计的频率和时机根据企业的规模、业务类型、风险评价结果、相关方要求、异常事件的发生等而定，并受到相关法律和法规的约束，一般半年或一年进行一次。

(2) 开展自评估。业务持续管理自评估需要确定参与人员的能力、责任和权力，建立绩效考核和处罚制度，制定改善管理制度，将关键绩效指标纳入内部和外部的相关合同条款及年度考核中，并结合相关行业标准进行评估和考核。

设施管理服务体验

从关注“物”的基础运营到关注“人”的体验服务，诸多企业逐渐意识到设施管理的用户体验才是服务提供的核心。设施管理服务体验的目标是构建一种关系，它的出发点和落脚点是用户需求，必须从用户的角度出发，才有可能实现服务价值的最大化。用户体验上所做的努力，目的都是提高员工的满意度，最终是为了提高工作效率。

用户体验并不是指某个空间场所或某项专业服务是如何工作的，用户体验是指空间场所服务如何与使用者发生联系并发挥作用，也就是人们如何“接触”和“使用”它。

设施管理服务体验包括以下三个方面（图 9-1）。

（1）服务场景设计。以用户的某一需求为出发点，通过运用创造性的、以人为本的、用户参与的方法，确定服务提供的方式和内容，在设施服务场景的创造、定义和规划中系统性地运用设计学的理论和方法。

（2）服务流程设计。设施管理服务流程设计指从用户提出需求开始，到服务需求被满足的全过程的物资、信息和人员的配置以及响应时间的安排。

（3）服务体验评价与改进。为保证用户体验中的友好度和公开公平性，通过用户平台或社区建立用户信任和忠诚度。运用多种方法收集目标用户的满意度，分析用户在服务相关因素、用户相关因素和环境相关因素三方共同作用下，对设施服务的满意度感知。

9 设施管理服务体验

9.1 服务场景设计	方法与工具
9.1.1 分析用户角色 9.1.2 绘制用户体验地图 9.1.3 梳理用户痛点	用户画像； 客户旅程地图； 时间序列分析； 影子练习； 流失预警模型

9.2 服务流程设计	方法与工具
9.2.1 分析服务流程 9.2.2 绘制服务蓝图	顾客合作生产法； 高低接触分离法； 授权法； 流水线法； 服务蓝图

9.3 服务体验评价与改进	方法与工具
9.3.1 成立用户社区 9.3.2 处理用户反馈信息	社区运营； 问卷调查； SERVQUAL 模型； 用户金字塔模型

图 9-1 设施管理服务体验框架

9.1 服务场景设计

9.1.1 分析用户角色

用户角色也称用户画像，是指从工作和生活习惯、消费行为等真实数据中提取目标用户的典型特征。根据用户的目标、行为和观点将用户分类管理。

（1）收集用户数据。通过数据挖掘与调查等方法获取用户的人口属性（性别、年龄等）、业务属性（业务部门、工作模式等）、兴趣特征、位置特征（所处区域、移动轨迹等）等与用户需求趋向相关的信息，从而具象用户特征。

（2）构建用户标签。从收集到的数据中抽取共同的特征值，通过分析用户特征值，对用户资料进行分类、归纳、比较，多维度地构建针对用户的描述性标签属性；并按照重要性进行排序，将重要、核心、关键、规模较大的用户凸显出来，形成不同的特征用户群，分辨核心用户、忠实用户、普通用户等，准确地对用户进行分级管理（如按业务部门职能属性区分，针对不同部门特点，委任不同服务代表进行用户需求管理和沟通）。

（3）建立用户行为模型。通过对用户标签进行整合、管理，记录用户行为轨迹及其变化信息，可利用文本挖掘、自然语言处理、机器学习、聚类算法等大数据技术，进行用户行为建模。

（4）预测用户行为。设施管理团队通过模型预测，对未来用户行为进行预测分析，使用户特征得以可视化、形象化、生动化，从而对用户作出精准判断，为用户提供全方位、人性化、个性化的定向优质设施管理服务。

9.1.2 绘制用户体验地图

为了解某个用户或用户群的行为习惯和使用反馈，以及各个环节的相互制约与联系，设施管理者需要绘制特定使用群体的用户体验地图。用户体验地图能够可视化描述用户使用设施（建筑空间和物理要素）或接受服务的体验情况，以此发现用户在整个使用过程中的问题点和满意点，并从中提炼出设施或服务中的改进点和机会点。

（1）设计服务旅程。设计人员从用户的角度体验整个空间和配套服务流程，充分理解所有服务触点中用户的心理活动和行为特征，从而获得解读心理和行为活动得对服务体验提升的新认知或新创意。例如，员工从早晨上班停车、经过大堂、到达办公工位，再到中午餐厅就餐、下午在会议室开会，直到下班离开办公场所等空间和服务触点。

（2）实施影子练习。设计者以用户影子（观察者）的身份参与整个服务流程，观察并记录用户的行为习惯和动态反应，即时观察服务提供者和使用者的瞬时反应。通过分析这种瞬时反应更好地完善服务流程。例如，观察并改善餐厅高峰期排队就餐问题，通过问题观察优化餐饮业态分布和餐厅空间格局等。

9.1.3 梳理用户痛点

通过用户体验地图梳理服务系统的现状，从而指引痛点和需求的挖掘。为了梳理影响服务体验各参与方的关系，可定义四种关键点：失败点、等待点、决策点和体验点。

（1）梳理失败点。这种行为直接决定整个服务的失败与否。例如，会议室设备不可用、报修响应不及时等。

（2）梳理等待点。等待点是影响用户体验的重要环节。例如，电梯等候时间长、餐厅排队等候时间长等。

（3）梳理决策点。决定管理流程或用户行为走向的关键点。例如，员工工位、开发协作区、灵活办公空间策略、设备维护频次、餐厅开放时间等都会影响服务的体验。

（4）梳理体验点。用户获得满足的关键点，体现人文关怀的服务细节。体验点的优化设计能够增加用户舒适度和幸福感，从而提高用户满意度。

9.2 服务流程设计

9.2.1 分析服务流程

服务流程指从用户需求提出至用户需求被满足的过程中，按一定的逻辑次序排列的服务活动的总和。分析服务流程就是形成企业向用户提供的设施管理服务的工作分解结构，并得出完成该服务流程所需要素的组合。

（1）划分服务流程类别。根据服务差异化程度分类为标准化服务流程和专业化服务流程；根据服务对象不同分类为处理实物（如设施设备维保维修流程）、信息（如突发事件升级机制）和对人（如访客管理、VIP 接待）的服务流程；根据服务接触的程度，分为用户直接参与、通过电子媒介等间接参与、没有参与等服务流程。

（2）选择分析方法。对标准化服务须识别其标准流程，对专业化服务须进行专项识别，并将服务流程作为有机整体识别其前台和后台。针对人的服务和用户直接参与等前台服务流程，运用顾客化方法，如包括顾客合作生产法、高低接触分离法和授权法；针对处理实物、信息和用户间接参与或没有参与等后台服务流程，运用工业化方法，如流水线法。

（3）识别服务特性。识别服务流程中各服务的特性。根据每项服务的用户接触时间、自助服务程度、定制化程度、设备 / 人员专注度等，确定后台 / 前台的增值服务，依据服务的特性为服务流程配置人员、场地和设备等。

9.2.2 绘制服务蓝图

服务蓝图也称服务流程图，是以简明方式将服务流程形式化的方法。服务蓝图由有形展示、用户行为、前台员工行为、后台员工行为和支持过程等五部分组成，这五部分被互动分界线、可视分界线、内部互动线三条线所分割，分割线分别将用户和服务系统、服务行为和管理活动、服务活动和信息支持系统区分开。

（1）绘制用户行为流程图。识别服务中的有形展示，按出场顺序绘制于服务蓝图的最上方，识别目标用户，确定服务过程中用户直接接触的服务元素，按参与顺序绘制用户行为流程图。

（2）绘制前台 / 后台员工行为流程图。识别与用户接触的前台员工及其所承担的服务流程，识别后台员工承担的支持服务，确定后台员工接触的服务元素，按参与顺序分别绘制前台与后台员工行为流程图。

（3）绘制支持过程流程图。确定支持服务流程的信息系统，按该系统在服务流程中的被使用顺序绘制支持过程流程图，显示与其他行为的协同合作。

（4）连接和整合流程图。将相同时间发生的服务元素画在同一列，通过识别包含不同服务参与者的服务元素，将三个流程图和一个支持过程通过相同服务元素两两相连，绘成服务蓝图。

9.3 服务体验评价与改进

9.3.1 成立用户社区

用户平台或社区是用户参与互动和管理创新的一种方式，建立用户平台 / 社区有助于维护用户体验中的友好度、公平性和游戏性等因素，同时通过用户平台 / 社区可以建立用户的信任和忠诚度。

（1）确定用户平台 / 社区形式。线上建立企业服务公众号和企业社区交流APP，线下成立专项委员会。例如，通过膳食委员会征求员工诉求、对企业餐饮服务进行评价和建议，甚至参与业态规划和供应商选择。

（2）强化用户参与度。及时反馈用户问题和建议，确保他们的意见会被设施管理部门和企业管理层听取，设置游戏活动（如接受任务、激励反馈、挑战关卡等）、抽奖环节和线下交流活动，让用户能充分参与设施服务平台 / 用户社区的建设，从而建立用户的信任和满意度。

（3）划分用户分级。当平台 / 社区规模达到临界值（如出现热门话题），对社区中的用户进行分级。针对不同的用户的活跃程度赋予不同的发帖、评论权利以及各种奖品和福利活动，强化用户归属感。

9.3.2 处理用户反馈信息

用户反馈是指接受设施管理服务的终端用户在提出需求到需求被满足过程中，对有形设施、可靠性、响应性、保障性、情感投入等的反馈。及时收集并分析用户反馈，能帮助管理者深入认识设施管理服务的优缺点，从而找到可能的改进点。

（1）收集用户反馈。选用电话、邮件、当面采访、电子问卷或组合方法，定期征集客户矩阵中目标用户的需求，收集其在试用过程和使用过程中的反馈。

（2）整理用户反馈。根据用户反馈信息类型寻找问题来源并将其分为三类：与用户相关的反馈（用户偏好等）、与空间环境相关的反馈（获取渠道、场景感知和排队时间等）和与服务提供相关的反馈（响应性和及时性、服务舒适度感知、服务人员的专业化表现等）。根据问题性质将用户反馈分为四类：功能需求类、服务瑕疵类、运营相关类和其他类等。

（3）分析用户反馈。根据问题来源和问题性质确定责任部门，责任部门进行相关改进（明确用户需求、判断需求状态、进行服务设计、改进或重新设计服务、实施并检查改进执行情况）；存档用户反馈信息，整合分析当期用户反馈与历史用户反馈，总结用户反馈的变化趋势并跟进。

10 设施管理信息技术

设施管理信息技术是指设施管理部门为实现自动化数据采集、规范化数据存储、网络化数据交换和价值化数据利用而采用的信息处理和信息管理的各种技术总称。该技术为整合设施项目信息、保障核心业务、提供个性化服务和提高运营效率等方面提供先进的技术手段。

设施管理信息技术包括以下四个方面（图 10-1）。

（1）设施管理信息系统。设施管理信息系统是整合空间、人员、资产和财务信息，全景式反映设施管理状况，统一视角观察设施管理绩效，为决策提供信息支持的信息化平台。

（2）建筑信息模型。建筑信息模型（BIM）是基于公共标准化协同作业的共享数字化模型，是不同的项目参与方在建设项目全生命周期各个阶段通过在建模过程中插入、提取、更新及修改信息构建的兼具物理特性与功能特性的三维可视化模型。

（3）智慧设施管理。智慧设施管理是以新兴信息技术为基础，全面感知、广泛互联、智能决策、卓越执行，整合人、空间和流程，旨在提供舒适、便捷和安全的个性化服务，提升企业核心业务的价值的一项组织职能。

（4）智慧设施管理情景。智慧设施管理情景是基于集成设施管理系统、建筑信息模型和智慧设施管理平台实现空间管理、环境监测、智慧运维和专业服务等多元功能集成，展示人的行为、空间位置和事件活动的场景。

10.1 设施管理信息系统

10.1.1 楼宇自动化系统

楼宇自动化系统（Building Automation System，BAS）是由中央计算机及各种控制子系统组成的综合性系统，采用传感技术、计算机和现代通信技术对包括采暖、通风、电梯、空调、给排水、配变电与自备电源监控、火灾自动报警与消防联动等系统实行自动监控和综合管理的平台。

（1）规划设计阶段。应明确楼宇运行管理子系统的实施目的及价值，投资及回报预期、制定用户需求手册和设计任务书，明确系统需要实现的功能和范围。

10 设施管理信息技术

10.1 设施管理信息系统	方法与工具
10.1.1 楼宇自动化系统	诺兰模型； 物联网 IOT； 传感器； U/C 矩阵； E-R 图
10.1.2 建筑能源管理系统	
10.1.3 集成工作场所管理系统	

10.2 建筑信息模型	方法与工具
10.2.1 基于 BIM 的设施管理系统流程	虚拟现实； 可视化建模； 轻量化处理； 增强现实； 数字孪生
10.2.2 基于 BIM 的设施管理系统模型	
10.2.3 基于 BIM 的设施管理系统应用	

10.3 智慧设施管理	方法与工具
10.3.1 智慧设施管理发展趋势	价值链分析； 业务流程重组； DIKW 模型； 自组织理论； TDC 矩阵
10.3.2 智慧设施管理价值呈现	
10.3.3 智慧设施管理创新变革	

10.4 智慧设施管理情景	方法与工具
10.4.1 智慧空间管理	价值网模型； 情形分析图； 认知计算； 脑机接口； 模式计算； 人工智能； 云计算等
10.4.2 智慧环境监测与控制	
10.4.3 智慧运维管理	
10.4.4 智慧专业服务	

图 10-1 设施管理信息技术框架

（2）施工调试阶段。应按照设计资料及施工计划完成所有楼宇运行管理系统的安装调试工作，设施管理部门应通过科学及计划性手段实现系统设计功能，并深度参与系统验收。

（3）运维阶段。应持续完善系统运行标准作业程序（SOP），定期输出楼宇运行管理子系统运行报告，确保系统各类采集数据准确及现场执行器动作执行可靠。

10.1.2 建筑能源管理系统

建筑能源管理系统（Building Energy Management System，BEMS）是对建筑变配电、照明、电梯、空调、供热、给排水等能源使用情况实行集中监视、管理和分散控制的管理系统，是实现建筑能耗在线监测和动态分析功能的硬件系统和软件系统的统称。

（1）构建系统结构。建筑能源管理系统由子系统和能源管理系统云平台构成，子系统与采集装置连接，负责将各类测量与计量信息传送到云平台。

（2）设定能耗标准。根据实际应用需求，结合相关的国家标准和地方标准，按照分项、分类、分能耗节点设计建筑总能耗标准。

（3）设计系统功能。云平台对实时数据进行对比分析，用表格和图片的形式体现建筑物的能源使用情况，记录设备能耗、运行效率和历史数据等；计算内部电费并根据不同的数据对象进行分摊；寻找异常用能及供能信息，实现系统的节能控制。

10.1.3 集成工作场所管理系统

集成工作场所管理系统（IWMS）是整合建筑物、资产、设备、环境和能源等系统功能，实现工作场所数据交换、信息共享和协同工作的集成化信息管理平台。

（1）构建系统结构。通过统一的工作平台将各项管理功能集成，系统前端设置用户请求中心，实现自助服务；后端设置业务分析，生成统计报表，分解并衔接各层次目标，分析计划绩效，针对目标进行评价。

（2）设计系统使用。系统提供内、外部用户访问的网站链接，通过设置请求中心，以WEB应用程序、移动设备应用APP等方式收集用户请求并提供用户自助服务功能。

（3）开发系统功能。系统为用户提供全面的视角来观察和分析项目、空间、人员、资产等业务，包括（但不限于）：房地产租赁、资本项目管理、空间管理、设施运维、可持续管理、合同管理、采购管理等功能模块。

10.2 建筑信息模型

10.2.1 基于 BIM 的设施管理系统流程

梳理基于 BIM 的设施管理系统流程包括：制定规划方案、编制功能需求、完善模型数据。数据可通过设计、施工阶段的 BIM 模型进行传导，但需要对数据模型进行轻量化处理。

（1）制定规划方案。编制基于 BIM 的设施管理系统应用规划和实施方案。根据所选择的项目平台特点，结合项目的实际情况和应用需求，制定协同管理平台应用规划，明确目的、功能、范围、组织及职责、措施及制度、应用成果等。

（2）编制功能需求。编制基于 BIM 的设施管理系统的功能需求方案。功能需求方案应根据项目特定的实际需求和应用环境编制。通常而言，越是复杂和全面的功能，越能满足项目系统性需求，但成本和应用的难度也越高。

（3）完善模型数据。针对基于BIM的设施管理系统模型中的数据进行现场复勘、校对和完善。包括数据的完整性和准确性，数据是否满足既有标准、规范或规定，数据的逻辑关联和拓扑结构，以及数据的通用标准对接等。

10.2.2 基于 BIM 的设施管理系统模型

基于 BIM 的设施管理系统模型包括建筑模型、过程模型和决策模型。构建设施管理 BIM 模型就是将建筑组件之间的空间与非空间关系、相互作用关系等通过可视化手段表现出来。

（1）数据重组。基于 BIM 平台功能，按照设施管理需求对设计、施工阶段的 BIM 模型进行转换和改造，得到一个符合设施管理需要的、经过数据重组优化的 BIM 模型。

（2）模型轻量化。通过软件将数据重组优化后的 BIM 模型转化为适用设施管理的轻量化 BIM 模型，在获得轻量化 BIM 模型后通过管理平台进一步转化为适用设施管理的基础 BIM 模型。

（3）数据集成。将设施管理基础 BIM 模型与楼宇自动化系统、二维视图、元数据、其他数据源相结合，最终形成基于 BIM 模型的设施管理三维交互平台。

10.2.3 基于 BIM 的设施管理系统应用

建筑信息模型与设施管理功能业务相结合是将 BIM 模型中存储的大量建筑相关信息运用于设施管理系统。BIM 应用于设施管理的过程，是 BIM 数据再组织和利用的过程，是一个数据持续收集和数据库创建的过程。

（1）设计系统结构。基于 BIM 的设施管理系统主要分为三层结构，面向业主实现功能应用的 BIM 应用层、支撑系统内部设置的 BIM 应用支持层和提供以上两个平台数据交换与共享的 BIM 信息资源层。

（2）建立统一标准。建立统一的 BIM 建模标准（统一的模型格式、编码规则等）和交付标准，控制设施数量、位置以及模型之间的冲突碰撞。

（3）组织系统培训。定期结合设施管理现状进行 BIM 模型的更新及变更，定期更新 BIM 的实施方案、匹配相应的设施管理组织和制度，并进行系统培训。

10.3 智慧设施管理

10.3.1 智慧设施管理发展趋势

随着物联网、人工智能、大数据等更多新兴技术的出现与应用，智慧设施管理的理念被带入市场，设施管理对技术的需求将更加迫切，未来将被彻底颠覆。

（1）技术导向。劳动力密集型转向技术导向型，依靠大量劳动力来提供服务的功能可以应用大部分新兴技术，用新兴科技代替人力劳动，改变服务的交付方式。

（2）数据驱动。目标驱动型转向数据驱动型，应用物联网、云计算和数据分析等数据感知技术，完成从目标管理到数据管理的理念创新。

（3）标准分析。经验判断型转向标准分析型，应用数据决策和辅助执行的相关技术，提高环境健康安全管理、业务持续管理的合规性。

10.3.2 智慧设施管理价值呈现

智慧设施管理价值创造由一系列活动构成，在价值创造过程中经历了数据、信息、知识乃至智慧的转化。通过原始观察及度量可以获得数据，基于数据间关系的分析获得信息，在实践中应用信息产生知识，而智慧则更关心未来。

（1）日常监测。用基本手段分析和预警偏离预期的建筑运行情况，从日清日毕模式转换到实时模式，自动发送警示信息给相应维护管理人员。

（2）数据洞察。超越传统数据图表，基于数据统计、预测及挖掘，采用“智能”报表作出特定的、可执行的行动推荐和建议。

（3）业务优化。将人工智能技术嵌入业务运营之中，赋予业务模块认知能力，助力设施管理业务运营。

（4）服务重混。利用对客户使用方式、服务行为及总体市场趋势等的分析，将商业模式转换到新市场的新服务，远离简单的价值复制，向价值网络靠拢。

10.3.3 智慧设施管理创新变革

随着新型生产和消费模式崛起，用户对设施管理服务过程的参与和影响逐渐深入，设施管理逐渐从封闭式走向以用户体验为中心的嵌入式创新，通过改变服务的供给方式创造一种新的客户需求。

（1）关注用户体验。推进服务和流程智能化，打造超个性化的全新客户体验，通过超越交易本身的客户互动，帮助提高核心业务能力。

（2）转变组织模式。突出体现工作领域的网络化特征，人机交互协作相关技术将员工从部分繁琐工作中“解放”出来，更专注于增进效益，提升“软技能”，并发掘新价值来源。

（3）重构生态圈。由设施管理供应商、分包商、业主方和最终用户共建的新型活力生态系统，推动全新服务模式在整条服务价值链快速扩展。

10.4 智慧设施管理情景

10.4.1 智慧空间管理

（1）停车 / 目的地引导 / 反向寻车。通过物联网、数据分析等实现出入口管理、智能支付、车位识别、车位引导、停车管理、配套视频监控和显示等，利用智能化系统提高车位识别的准确率。

（2）轨迹追踪 / 室内定位。运用纳米传感器实时感知用户位置，通过机器间通信技术将数据实时传输至系统。

（3）工位管理。通过物联网和数据分析，提供工位地图管理、工位属性和用户信息管理，定期生成工位预订和使用统计分析报表，提供完整的工位预订情况和用户行为分析报告。

（4）会议室管理。通过部署多模传感器和控制器，提供在线预订、设备控制和辅助服务集成等综合管理功能。

（5）远程办公。通过智能移动设备、移动云计算和全息显示技术等，实现远程办公与远程会议。

10.4.2 智慧环境监测与控制

（1）环境监测。部署多模传感器，获取室内的光照、噪声和空气质量等实时数据，接入物联网传输到服务器，精确感知、融合处理设施状态。

（2）环境分析。利用大数据、数据分析等技术，通过对气候、光照等数据进行自动或半自动分析，提取未知的、有价值的潜在信息，并作出环境分析和预测，生成相应的环境控制策略。

（3）环境控制。通过纳米传感器和微电子技术，根据使用者需求调节室内温度、湿度和灯光强度等物理状态。

10.4.3 智慧运维管理

（1）运行监测。部署传感器实时获取设备的运行参数，分析设备运行状态；根据用户行走轨迹追踪，电梯提前运行至用户所在楼层。

（2）日常巡检。机器人配置不同的运动及任务模块，按照规划路线行进，采集沿途各目标设备的运行数据并上传到管理系统，并能根据需求执行复杂设备检查。

（3）策略优化。通过大数据分析、数据挖掘等技术综合分析维修维护和运行状态历史数据及实时数据，提供单个设备及整个设备系统的运行态势判断，优化运行维保策略。

10.4.4 智慧专业服务

（1）访客系统。通过人脸识别确认身份信息，通过物联网指令自动打开门禁，并实施考勤。

（2）后勤与保障服务。提供餐饮服务过程中，可通过智能数据挖掘，提炼使用者喜好，主动推送菜单、餐厅实时人流密度等信息；机器人可协助定点传递文件，使用者可通过物联网实时查看文件位置并接收文件信息。

（3）交通服务。依靠高精度摄像头和雷达传感器，在高精度地图的指引下，通过 AI 算法将收集的数据信息进行分析，实现园区内无人货车送货，自主动态优化行车路线的无人驾驶班车等。

（4）安保服务。安保机器人利用激光或视频导航技术，同时搭载视频传输、目标识别和异常报警等子系统，按照预设路线进行 24 小时巡逻，全面记录异常情况，并为安保人员提供应急处理现场支持。

（5）无人机巡航。自动按特定路线巡航，对建筑内特定物体进行识别，并通过机载的电子稳像系统，提供清晰平稳的机载图像。

（6）保洁服务。使用机器人视觉技术，清洁机器人自行绘制地图，自主规划路径，自动规避障碍，按计划进行目标区域清扫。

11 企业房地产与设施管理专业能力

企业房地产与设施管理专业能力是企业为了推动其战略目标的实现、完成房地产与设施的服务功能，确保从业人员的职业生涯和个人发展计划与企业的整体发展目标、客户需求保持高度的一致性，在行为、动机和运用多种学科知识的能力方面，对企业房地产与设施管理人员提出的综合要求。

企业房地产与设施管理专业能力包括以下三个方面（图 11-1）。

（1）专业知识与基本素质。专业知识和基本素质是基于企业需求的角度，对个体提出的能力素质方面的要求，是个体为实现工作目标、有效利用自己掌握的知识所需具备的基本能力。

（2）客户服务与人际关系。客户服务与人际关系是指理解并有效管理客户需求，为客户提供建设性解决方案并致力于达到客户满意的行为特征。

（3）成就感与价值观。成就与行动是指个人对设定的企业房地产与设施管理目标采取驱动目标实现的行动，致力于实现企业房地产与设施管理最终目标，并关注可以为企业带来最大利益的行为特征。

11 企业房地产与施管理专业能力

11.1 专业知识与基本素质	方法与工具
11.1.1 专业知识 11.1.2 分析思考 11.1.3 团队合作 11.1.4 自信	六顶思考帽； 麦肯锡逻辑树； 敏感性训练理论； 胜任力模型

11.2 客户服务与人际关系	方法与工具
11.2.1 关注客户 11.2.2 人际交往 11.2.3 影响力	平衡记分卡； 皮格马利翁效应； 需求层次理论； 支持关系理论

11.3 成就感与价值观	方法与工具
11.3.1 成就导向 11.3.2 洞察力 11.3.3 主动进取 11.3.4 创新能力	成就动机理论； 期望理论； 七层次领导力； 费德勒模型； 路径目标理论

图 11-1 企业房地产与设施管理专业能力框架

11.1 专业知识与基本素质

11.1.1 专业知识

专业知识是指从事企业房地产与设施管理工作所必备的知识，涉及管理科学、建筑科学、行为科学和工程技术等多种学科理论，包括对与工作相关知识的精通了解（技术、经济或管理方面）。

（1）工程技术：包括建筑学、工程结构，施工技术、建筑设备、环境保护、信息技术、计算机、地基基础等。

（2）管理学：包括战略管理、项目管理、服务管理、组织论、风险管理、知识管理、人力资源管理等、采购管理、领导艺术等。

（3）法律和标准：包括建筑法、经济法、合同法、劳动法、城市规划法、环境法、招标投标法、能源法、国际法、LEED 等。

（4）经济金融学：包括估价学、经济学、会计学、财务管理、项目融资、造价、国际贸易、税务管理等。

（5）社会科学：包括美学、心理学、人体工程学、行为科学等。

11.1.2 分析思考

分析思考指通过将一个事物分解为若干部分，或通过层层因果关系描述其内在联系的方式来理解该事物，通常表现为系统地组织与拆分事物的各个部分，然后通过系统比较，确定相互间的因果关系与时间顺序等内容。

（1）分解问题。能够认识问题的基本情况，并把问题初步分解成简单的任务或活动。

（2）发现根本联系。能迅速意识到现状与过去形势间的相似之处，找出直接的因果关系（A 导致 B），并按照重要性程度设置任务的先后顺序。

（3）发现多元联系。能综合运用分析技巧把复杂的问题分解成便于管理的部分，并分析产生问题的多方面原因，或分析一个问题的几个部分之间的联系（如预见障碍并详细思考后续的多个步骤）。

（4）提供解决方案。能通过系统的方法对问题情景进行理性分析，运用自己掌握的知识、技能和经验确定几个解决方案，并权衡其利弊；能将多样的信息数据综合在一起形成一个解决问题的框架。

11.1.3 团队合作

团队合作是指个人愿意作为群体中的一个成员，与其他成员一起协作完成任务，并分享其有效信息，为团队工作提供力所能及的支持，以保证团队目标的达成。它意味着团队成员在不同的分工角色下，为了共同的目标而工作。

（1）建立信任。能够以务实、勤恳的工作作风、聪敏的专业形象等赢得他人的信任和尊重；同时能够以开放的心态对待合作者，懂得欣赏他人、信任他人。

（2）善于沟通。善于使用有效的沟通策略，通过正式及非正式的形式与他人进行沟通，及时了解他人需要和观点，澄清自己的要求和认识，以便迅速明确问题、达成统一意见和开展工作。

（3）角色调适。能够在较短时间里，建立良好的人脉网络，根据团队的任务和资源配备状况找到自己对于团队的最佳贡献区，调整自己并承担起相应的角色职责。

（4）集体荣誉感。能够为团队目标的实现尽心竭力，不计较个人得失；能够以团队整体利益为重，以作为团队的一员而骄傲。

11.1.4 自信

自信是一种有能力或采用某种有效手段完成某项任务、解决某个问题的信念，代表着对自我价值、独立思考和行动能力等方面有比较深刻的理解，善于通过完成实际工作来获得自我价值感和自我确定感。

（1）优势认定。对自己的优势与劣势有正确的认识，并对自己的实力、优势有清楚、公正的评价和积极的肯定。

（2）信念。相信自己有能力实现既定目标，特别在问题难度加大时，表现出对自己决定或判断的认可。

（3）敢于挑战。当需要时能提出个人观点和自己力所能及的可行方案；同时，能主动地接受挑战，并将自己置于挑战性极强的环境中。

(4) 坚持不懈。当个人或者团队目标实现碰到困难时，进行有效的情绪管理、坚定自己和团队的信心、积极调动才智和资源来克服当前的困难，直到实现预期的目的。

11.2 客户服务与人际关系

11.2.1 关注客户

关注客户致力于理解并有效管理客户需求，以追求客户满意为企业房地产与设施管理的中心任务，并为客户提供建设性解决方案。

(1) 了解并有效管理客户需求。深刻理解客户利益与企业房地产与设施管理利益的关系，利用多种渠道持续地了解客户感受、搜集客户反馈、预测客户需求，梳理并引导客户需求以达到需求与资源配置的最优匹配，以此作为改进工作的行动指南。

(2) 追求客户满意。以赢得客户满意为使命，致力创建客户导向型文化，评估客户需求和满意度，并持续努力为客户提供快捷、周到和便利的服务。

(3) 发展客户关系。从客户的角度出发，与客户建立并保持稳固、信任的伙伴关系，在客户中树立个人形象与口碑，以提高客户忠诚度。

(4) 创造客户价值。关注客户对企业房地产与设施管理服务的感知和敏感度，关心客户的发展和困难，通过向客户提供可能的支持和帮助，为客户提供附加价值。

11.2.2 人际交往

人际交往是指对人际关系保持高度的兴趣，对自己及他人的性格、情绪、需要等有敏锐的直觉和认知，能够通过主动、热情的态度以及诚恳、正直的人格面貌赢得他人的尊重和信赖，从而赢得良好的人际交往氛围。

(1) 人际理解力。能够体会他人的感受，通过对他人的语言、动作等理解分享他人的观点，把握其没有表达的疑惑和情感，并采用适当的语言帮助自己和他人表达情感。

(2) 热情主动。在人际交往过程中，积极主动地了解他人或使他人了解自己，体察他人需要，对团队支持性行为保持高度的热情。

（3）社会适应性。对人际压力有良好的承受力和应对能力，能够针对不同情境和不同交往对象，灵活使用多种人际技巧和方式，以适应复杂的人际环境。

（4）赢得信赖。在人际交往过程中，信守承诺，有较强的责任感，表现出诚实正直的品性，以及与他人协作实现共同成功的意愿，取得他人信赖。

11.2.3 影响力

影响力指说服或影响他人接受某一观点、推动某一议程、领导某一具体行为的能力，主要基于对他人施加具体影响或给他人留下具体印象的愿望，以及为赢得他人信服和赞同而采取的一系列行动。

（1）愿景共享。根据对企业房地产与设施管理使命的深刻理解，构建一个美好而切合实际的发展蓝图，并使得员工愿意为之共同奋斗。

（2）理念传播。能够有意识地在企业中大力培育和倡导团结协作、共同发展、追求卓越的企业发展理念。

（3）人格感染。能够激励和鼓舞员工的积极性，通过塑造开放、亲和、自信和正直的领导者形象，获得员工的信任与支持。

（4）行为示范。能够身先士卒，以身作则，为员工树立良好的榜样；同时能结成政治联盟，建立和领导团队，构成影响别人行为的有利形势。

11.3 成就感与价值观

11.3.1 成就导向

成就导向是指个人不满足于现状，具有成功完成任务或在工作中追求卓越的愿望，总是设定较高目标，要求自己克服障碍，坚持不懈地完成具有挑战性的任务的一种绩效标准。

（1）自我愿景。有符合社会和企业利益的理想抱负，愿意为之实现而不懈努力，并能够承受困难与挫折，甚至牺牲短期利益来实现理想抱负。

（2）行动力。对工作热情投入，专注于行动方案执行以推动事情进展，对出色完成任务、取得工作成果有强烈的渴望。

（3）挑战性目标。不满足于现状，敢于冒险，毫不畏惧地为自己和团队设定挑战性的目标，不断追求超越自我，开发和调动自己和团队的潜能。

（4）高标准。对人和事都有比较严格的要求，愿意使事情更接近完美，并努力驱动自己和他人为了做得更好而继续努力。

11.3.2 洞察力

洞察力是指在复杂、动态的情境中，用创造性或前瞻性的思维方式，识别潜在问题或发现潜在的机会，提出系统的、具有较强操作性和指导性的意见和建议，并做出有据可依的判断及制定战略性解决方案的行为特征。

（1）发现问题。向企业房地产与设施管理利益相关人询问相关问题，咨询有价值的信息源，并全面分析问题间的相互关系，找出需要首要解决的问题。

（2）诊断焦点。能够提出企业房地产与设施管理领域探索性的问题，以了解问题产生的根源所在，针对矛盾之处，收集并确定内外部资源的信息，不断挖掘真正的解决方法。

（3）市场敏感度。能够在有限的时间、零散的信息中，敏锐地洞察企业房地产与设施管理行业的新动向、新趋势，并分析其对企业房地产与设施管理的影响和潜在的发展机会。

（4）系统研究。能够将来源不同的信息整合起来，并将信息分析中呈现的新动向和新趋势与企业房地产与设施管理实际相联系，提出预见性建议，为规划设施管理发展以及应对市场变化提供依据。

11.3.3 主动进取

主动进取是指个人在工作中不惜投入较多的精力，善于发现和创造新的机会，提前预计到事件发生的可能性，并有计划地采取行动提高工作绩效、避免问题的发生或创造新的机遇。这种品质也被称为决断力、策略性的未来导向和前瞻性等。

（1）识别短期机会。有旺盛的求知欲和强烈的好奇心，及时关注企业房地产与设施管理发展信息和动态，识别短期的机会并作出反应，更新自己的知识，提高自己的个人能力。

（2）迅速反应。能在企业房地产与设施管理危机时刻或其他敏感时间，迅速果断地行动；在需要等待的情况下，作出有紧迫感的行动，并主动解决自己的问题。

（3）自我发展。能理解全球化趋势及未来的发展对企业房地产与设施管理的影响，并根据企业总的目标，制定个人的专业发展目标，并为之努力奋斗。

11.3.4 创新能力

创新能力是指不受陈规和以往经验的束缚，不断改进工作学习方法，积极应用新技术和新知识，在技术与服务上不断进行创造性的突破，以适应企业房地产与设施管理新观念、新形势发展的要求。

（1）开放性。能主动对常规性的企业房地产与设施管理工作方法提出疑问和挑战，借助其他领域的方法，寻求改善设施服务的途径。

（2）挑战传统。能尝试采用新技术，不拘泥于固有思维模式，在综合多方面信息基础上，评估企业房地产与设施管理创新的风险和机会，提出与众不同的观点、见解和方法。

（3）敢于冒险。能主动发起使用企业房地产与设施管理前沿技术的项目，积极引入新思路、新技术；对于比较难解决的问题能提出更实用、更新颖的解决方案；通过分析关键的趋势和复杂性或分歧问题，创造性地提出新方案；能在预测风险的基础上不断尝试新技术与新事物。

（4）培养创新环境。能运用变革的方法来创造鼓励企业房地产与设施管理革新的氛围，培育创新思维，设立创新奖励机制，在取得的全部成果或成果的某个特定方面上，突出宣传创新和变革的优势。

后 记 POSTSCRIPT

企业房地产与设施管理是任何组织机构都不可或缺的组织职能。随着我国企业面临的商业环境的巨大变化和人们对美好生活的期望不断提高，企业房地产与设施管理对组织核心业务的价值越来越显现。

企业房地产与设施管理是一个专业性要求相当高的行业。在国际上，企业房地产与设施管理已经形成了一套较为成熟的学科体系，也有许多其他行业的成熟理论和方法值得借鉴应用。但目前我国内地的高层管理者、从业人员对这个行业普遍认知不足，忽视了它的专业化问题，导致高素质人才缺乏、市场成熟度不高、行业发展缓慢。

本指南在房地产和设施管理专业联盟支持下，经过本领域具有代表性的高等院校、业主方企业、咨询公司和专业服务商的三十多位专家和学者的一年多辛勤努力，终于成稿付梓。本指南正文分为综述及十大部分核心内容，每一部分都针对企业房地产与设施管理的一项活动，阐述其定义、流程、工作内容，并推荐了相关的方法和工具，比较简明和系统地回答了企业房地产与设施管理各项业务活动做什么（What）和怎么做（How）的问题。这将有助于纠正企业高层管理者对这个行业认知的偏差，提升从业人员的专业性。更重要的是，有助于吸引更多的优秀人才加入企业房地产与设施管理这个行业。

未来，在我国社会和经济持续发展的背景下，通过诸如华为等各类大型企业在企业房地产与设施管理领域的创新探索，很多还在概念层面的理念将会逐步落地实现，并在不断实践中产生独特的理论和方法。我们必将走出一条符合中国企业发展情景的房地产与设施管理发展之路！

衷心感谢企业房地产与设施管理领域专家、学者积极参与，感谢同济大学出版社大力支持。由于作者学术水平与条件限制，书中难免有遗漏与不足之处，敬请读者批评指正。

骆文成

2019 年 6 月